基于国家标准的

食品微生物检测技术图鉴

刘云国　等　著

科学出版社
北　京

内 容 简 介

本书以国家标准（GB）食品微生物检测项目为主线，结合行业标准（SN）及国际知名组织或权威机构标准，采用国际微生物检验新技术，为读者提供了食品微生物检验中常见微生物在营养类培养基、选择性分离培养基、显色培养基上的菌落特征及生化反应图谱，并针对菌落特征及生化反应解释其鉴定原理。本书是一部内容全面、视角独特的食品微生物原色图谱著作。

本书可作为高等院校、中职院校生物检测和食品科学相关专业教师和学生，以及食品安全相关企事业单位检验人员的检验参考书。

图书在版编目（CIP）数据

基于国家标准的食品微生物检测技术图鉴/刘云国等著．—北京：科学出版社，2023.1

ISBN 978-7-03-073234-7

Ⅰ．①基…　Ⅱ．①刘…　Ⅲ．①食品微生物－食品检验－图鉴　Ⅳ．①TS207.4-64

中国版本图书馆 CIP 数据核字（2022）第 176927 号

责任编辑：岳漫宇/责任校对：郭瑞芝

责任印制：赵　博/封面设计：无极书装

科 学 出 版 社 出版

北京东黄城根北街 16 号

邮政编码：100717

http://www.sciencep.com

涿州市般润文化传播有限公司印刷

科学出版社发行　各地新华书店经销

*

2023 年 1 月第　一　版　开本：720 × 1000　1/16

2024 年 1 月第二次印刷　印张：9 1/2

字数：192 000

定价：168.00 元

（如有印装质量问题，我社负责调换）

《基于国家标准的食品微生物检测技术图鉴》

著者名单

主要著者

刘云国　王　伟　刘凌霄　雷质文　汤晓娟
林祥娜　扈晓杰　巩　敏　彭善丽　韩庆典
马　云　王德鹏　张建营　陈英杰　马　超
王继文　周　彤　邓六爱　李秀勇

其他著者（按姓氏笔画排序）：

王　彬　王芳芳　冯桂芳　伦才智　刘　宁
刘　宸　刘一萌　许美玲　孙　杰　纪艳青
李　宏　李　玲　李正义　李宗真　李建华
李艳美　李瑶瑶　杨　娟　张　亮　张　捷
张凤艳　张文萌　张吉方　张庆杰　张京宝
陈　欢　季　慧　金泽林　郑乾坤　孟　云
郝继伟　段家玉　侯春林　姚现琦　贾俊涛
倪来学　徐文远　黄　莉　黄建联　康大成
隋智海　彭喜春　潘　薇　霍建伟　戴一琰
酆炳森

前　言

食品微生物检验是食品安全领域一项重要的检验内容，是衡量食品卫生质量的重要指标。我国已制定食品微生物检验的国家标准和一些行业标准，标准体系较为完善。但一些检验人员在利用标准从事具体的检验工作时，对微生物在营养类培养基、选择性分离培养基、显色培养基上的菌落特征以及生化显色反应等把握不够，没有一个直观的印象，他们迫切需要一本标准原色图谱帮助其进行微生物鉴定。本书适合作为高等院校、中职院校生物检测及食品科学相关专业教师和学生，以及食品安全相关企事业单位检验人员的检验参考书。

本书以食品微生物检验中的常见微生物检测项目：菌落总数的计数方法，以及大肠菌群、肠杆菌科、大肠埃希氏菌、大肠埃希氏菌 O157 ：H7、沙门氏菌、单核细胞增生李斯特氏菌、金黄色葡萄球菌、副溶血性弧菌、霍乱弧菌、创伤弧菌、溶藻弧菌、志贺氏菌、变形杆菌、蜡样芽孢杆菌、空肠弯曲菌、产气荚膜梭状芽孢杆菌、小肠结肠炎耶尔森氏菌、克罗诺杆菌（阪崎肠杆菌）、肠球菌、乳酸菌、铜绿假单胞菌、链球菌、亚硫酸盐还原梭状芽孢杆菌、唐菖蒲伯克霍尔德氏菌（椰毒假单胞菌酵米面亚种）、双歧杆菌、霉菌、酵母菌、白色念珠菌等在它们的鉴定培养基上的菌落形态图谱及其文字说明为主要内容。全书共收录微生物彩色图片 200 余幅，形象直观、文字简练。本书图谱中所用的微生物都来自国内外权威菌种保藏机构：美国典型培养物菌种保藏中心（ATCC）、中国医学细菌保藏管理中心（CMCC）和中国普通微生物菌种保藏管理中心（CGMCC）。

北京陆桥技术股份有限公司、青岛高科技工业园海博生物技术有限公司、纽勤生物科技（上海）有限公司、食品伙伴网（www.foodmate.net）为本书提供了部分微生物图片，在此表示感谢。

由于作者水平有限，撰写时间比较仓促，书中不足和遗漏在所难免，恳请广大读者批评指正。

刘云国

2022 年 7 月于山东临沂

目　　录

第一章 食品微生物检验标准及培养基概述

第一节 食品微生物检验标准

食品微生物检验是食品安全领域一项重要的检验内容，是衡量食品卫生质量的重要指标，也是判定被检食品是否可食用的科学依据之一。通过食品微生物检验，可以判断食品加工环境及食品卫生情况，能够对食品被细菌污染的程度做出正确的评价，为各项卫生管理工作提供科学依据。

食品微生物检验通常所用的常规方法为现行国家标准，或国际标准（如ISO标准、FAO标准、CAC标准等），或食品进口国的标准（如美国FDA标准、日本厚生省标准、欧盟标准等）。我国现行国家标准主要为GB 4789系列标准。自2016年以来，我国对食品安全国家标准的食品微生物检验系列标准做出了一系列的调整和变更，现行的如大肠菌群测定、沙门氏菌检验、金黄色葡萄球菌检验等标准由原来的推荐性国家标准变更为国家强制性标准。除了GB 4789系列，还有一部分产品标准中涉及微生物检验，如GB 8538《食品安全国家标准 饮用天然矿泉水检验方法》、GB 14963《食品安全国家标准 蜂蜜》等。还有部分微生物相关检测方法如GB 5009.211《食品安全国家标准 食品中叶酸的测定》、GB 5009.259《食品安全国家标准 食品中生物素的测定》等。

GB 4789.1《食品安全国家标准 食品微生物学检验 总则》中规定了食品微生物检验的各项基本内容，其中实验室基本要求包括了检验人员、环境与设施、实验设备、检验用品、培养基和试剂、质控菌株，还针对不同类型样品的采集、检验做出了规定，对生物安全与质量控制、记录与报告、检验后样品的处理也进行了规定，供食品微生物检验实验室使用。GB 4789.28《食品安全国家标准 食品微生物学检验 培养基和试剂的质量要求》对食品微生物检验所用培养基和试剂进行了各个方面的规定，包括各类培养基、试剂的配制及质控，各种菌株的保存及使用，质量要求等内容。

除此之外，GB 4789规定了指示菌如菌落总数（GB 4789.2《食品安全国家标准 食品微生物学检验 菌落总数测定》）、大肠菌群计数（GB 4789.3《食品安全国家标准 食品微生物学检验 大肠菌群计数》）、霉菌和酵母菌计数（GB 4789.15《食品安全国家标准 食品微生物学检验 霉菌和酵母计数》）等检验方法，以及致病菌如沙门氏菌（GB 4789.4《食品安全国家标准 食品微生物学检验 沙门氏菌检验》）、金黄色葡萄球菌（GB 4789.10《食品安全国家标准 食品微生物学检验 金黄色葡萄球菌检验》）等检验方法，还有双歧杆菌（GB 4789.34《食品安全国家标准 食品微生物学检验 双歧杆菌检验》）、乳酸菌（GB 4789.35《食品安全国家标准 食品微生物学检验 乳酸菌检验》）等益生菌的检验方法。本书作为 GB 4789 系列标准中不同微生物检验方法的配套材料，提供了丰富的微生物培养照片，以供读者参考。

第二节 培养基的成分

培养基（culture medium）是按照微生物生长繁殖或积累代谢产物所需要的各种营养物质，由人工配制而成的营养基质，它专供微生物培养、分离、鉴别、研究和保存使用。为了满足微生物生长和代谢的需要，培养基必须包含碳源、氮源、水、无机盐和生长因子五大类营养物质。培养基的研制是微生物学领域的一项重要内容。培养基属于基础应用学科，它广泛地应用于食品、化妆品、医药卫生、工农业、检验检疫、环保等诸多领域。

一般基础培养基中含有蛋白胨、牛肉浸粉、酵母浸膏、氯化钠、琼脂等基本营养成分。一些选择、鉴别培养基根据用途不同，需加入抑菌剂、指示剂、血液、糖等试剂，以利于特定细菌的分离和鉴别。需要使细菌大量生长、繁殖的培养基，主要成分多为氨基酸、核苷酸、无机盐、生长因子等。

琼脂是从石花菜、江篱、紫菜等红藻中提取的一种藻胶，它是由琼脂糖和琼胶质组成的长链多糖化合物。其优点在于不能被细菌分解利用，在细菌培养的温度下凝胶强度稳定。琼脂在细菌培养基中的应用使得细菌培养分离、纯化成为可能，极大地推动了细菌学的发展。

蛋白胨为动物蛋白质经酶消化后得到的产物。蛋白胨在培养基中的主要作用是作为细菌生长代谢过程中所需要的氮源。它的营养价值在于其中含有细菌菌体细胞生长所需要的氨基酸、多肽等成分。

胰酪蛋白胨（casein tryptone）是一种优质蛋白胨，亦称为胰酶消化酪蛋白胨，或称为胰蛋白胨。该蛋白胨系酪蛋白经胰酶消化后，浓缩干燥而成的浅黄色粉末，具有色浅、易溶、透明、无沉淀等良好的物理性状。可配制各种微生物培养基，用于细菌的培养、分离、增殖、鉴定，以及无菌试验培养基、厌氧菌培养基等细菌生化特性试验用培养基的配置。该蛋白胨营养丰富，为生物基因工程高密度发酵技术的实现提供了可能。

大豆蛋白胨是大豆蛋白经木瓜蛋白酶水解而得到的产物，营养丰富，富含碳水化合物和维生素。常用于培养对营养苛求的细菌。大豆蛋白胨不适合用于配制糖发酵试验培养基，因为其中含有大量的碳水化合物。

蛋白胨是一种营养价值较高的蛋白胨，含有高比例的低分子量多肽、氨基酸及促生长元素等。它可用于生产细菌毒素及培养如奈瑟菌、葡萄球菌、嗜血杆菌、布鲁氏菌和棒状杆菌等对营养苛求细菌的培养基中。

牛肉浸膏是采用新鲜牛肉经过剔除脂肪、消化、过滤、浓缩而得到的一种棕黄色至棕褐色的膏状物。易溶于水，水溶液呈淡黄色。牛肉浸膏当中含有肌酸、肌酸酐、多肽类、氨基酸类、核苷酸类、有机酸类、矿物质类及维生素类等水溶性物质。牛肉浸粉是用瘦牛肉加热抽提的浸出物，经喷雾干燥而形成的粉状物。它富含水溶性动物组织的营养物，如糖类、有机含氮物、水溶性维生素及无机盐等。它们的主要作用是补充蛋白胨及其他氮源的营养不足。一般的用量为0.3%～0.5%。

酵母粉是酵母细胞的自溶物经浓缩、喷雾干燥而成的粉状物。酵母粉富含B族维生素、有机氮及碳水化合物等。酵母粉在培养基中的含量一般为0.3%～0.5%。

胆盐是一种胆酸的钠盐，它是从动物的胆汁中提取的一种混合物，含有胆酸、结合胆酸及胆汁醇等，具体成分及其比例随动物的种属及贮存条件不同而变化。胆盐用在培养基中作为选择性抑制剂，主要抑制革兰氏阳性菌的生长。

第三节　培养基的分类

19世纪末，德国著名细菌学家科赫（R. Koch）成功制备了固体培养基，并发明了玻璃培养皿，引起细菌学的重大变革，同时也极大地推动了细菌的分离和鉴别。从此培养基生产成为一项重要的产业，出现了世界闻名的英国Oxoid公司、美国BD公司和Neogen公司等专业化培养基生产厂家，培育了Oxoid、Difco、Acumedia、Merck、BBL、BioMerieux等许多微生物试剂世界品牌。我国从20世纪50年代开始研制干燥培养基，到目前已有200多种干燥培养基，涌现出了以北京陆桥技术股份有限公司为代表的近百家培养基生产厂家。

培养基按营养物质的来源可分为以下几种。

（1）天然培养基：由化学成分不完全明了的天然物质组成。

（2）合成培养基：全部由已知化学成分的物质组成。

（3）半合成培养基：由不明化学成分的天然物质和已知化学成分的物质组成。

培养基按物理性状可分为以下几种。

（1）液体培养基：不含凝固剂，利于菌体的快速繁殖、代谢和积累产物。

（2）流体培养基：含0.05%～0.07%琼脂，可降低空气中氧进入培养基的速度，利于一般厌氧菌的生长繁殖。

（3）半固体培养基：含0.2%～0.8%琼脂，多用于细菌的动力学观察、菌种传代保存及贮运细菌标本材料。

（4）固体培养基：含1.5%～2%琼脂，用于细菌的分离、鉴定、菌种保存及细菌疫苗制备等多方面。

培养基按功能可分为以下几种。

（1）运输培养基：在取样后和实验室样品处理前的时间内保护和维持微生物活性的培养基。运输培养基中通常不允许包含使微生物增殖的物质，但是培养基应能保护菌种，确保它们不质变（如 Stuart 运输培养基或 Amies 运输培养基）。

（2）保存培养基：用于在一定期限内保护和维持微生物活力，以防对微生物在长期保存中产生不利影响，或使微生物在长期保存后容易复苏的培养基（如 Dorset 卵黄培养基）。

（3）复苏培养基：能够使受损或应激的微生物修复，使微生物恢复正常生长能力，但不一定促进微生物繁殖的培养基。

（4）增菌培养基：大多为液体培养基，能够给微生物的繁殖提供较适当的生长环境。①选择性增菌培养基：能够保证特定的微生物在其中繁殖，而部分或全部抑制其他菌体生长的培养基（如 Rappaport-Vassiliadis 培养基）；②非选择性增菌培养基：能够保证大多数微生物生长（如营养肉汤）的培养基。

（5）分离培养基。①选择性分离培养基：支持特定微生物的生长而抑制其他微生物生长的培养基 [如 DHL 琼脂、EMB 琼脂、麦康凯（MacConkey 或 MacC）琼脂]，常用的抑菌剂有胆盐、煌绿、玫瑰红钠、亚硒酸钠，常用的指示剂有溴甲酚紫、溴麝香草酚蓝等，亚甲蓝是氧化还原指示剂；②非选择性分离培养基：对微生物没有选择性抑制的分离培养基（如营养琼脂）。

（6）鉴别培养基：能够进行一项或多项微生物生理学和生化特性鉴定试验的培养基（如尿素培养基、Kligler 琼脂）。能够用于分离培养的鉴别培养基被称为分离 / 鉴别培养基（如 XLD 琼脂）。

（7）鉴定培养基：能够产生一个特定的鉴定反应而不需要做进一步确认试验的培养基。用于分离的鉴定培养基被称为分离 / 鉴定培养基。

（8）多种用途的培养基：同时具有多种不同用途的特定培养基。例如，血琼脂是一种复苏培养基，同时又是分离培养基，用于溶血检测时为鉴别培养基。

第二章
食品微生物图谱

第一节　菌落总数

菌落是指细菌在固体培养基上生长繁殖而形成的能被肉眼识别的生长物，它是由数以万计相同的细菌集合而成。当样品被稀释到一定浓度，与培养基混合，在一定培养条件下，每个能够生长繁殖的细菌细胞都可以在平板上形成一个可见的菌落。菌落总数就是指在一定条件下（如需氧情况、营养条件、pH、培养温度和时间等）每克（毫升）检测样品所生长出来的细菌菌落总数。按国家相关标准的检测方法为，在需氧情况下，(36 ± 1) ℃培养 (48 ± 2) h，能在营养类琼脂、平板计数琼脂上生长的细菌菌落总数。但厌氧或微需氧菌、有特殊营养要求的细菌及非中温细菌，通常条件不能满足其生理需求，故难以繁殖生长。因此菌落总数并不表示实际中所有细菌总数，菌落总数并不能区分其中细菌的种类，所以有时也被称为杂菌数、需氧菌数等。菌落总数测定可用来判定食品被细菌污染的程度及卫生质量，它反映了食品在生产过程中是否符合卫生要求，以便对被检样品做出适当的卫生学评价。菌落总数的多少在一定程度上标志着食品卫生质量的优劣。

国家标准（GB）和出入境检验检疫行业标准（SN）使用平板计数琼脂进行菌落计数（图 2-1）。在进行菌落总数测定时，培养基表面有时会出现一种生长极快的蔓延菌，影响菌落计数。解决方法是在涂布或倾注好的平板上层再覆盖一层培养基。需要注意的是，不同的方法计数范围不尽相同，GB 标准计数范围为 30 ~ 300cfu/g，而 SN 标准计数范围为 25 ~ 250cfu/g。

TTC 营养琼脂以 TTC 作为菌落指示剂，TTC 即 2,3,5- 氯化三苯基四氮唑，是一种菌落指示剂，遇酸变红色。细菌分解糖类产酸，pH 降低，所以细菌在 TTC 营养琼脂上显示暗红色菌落，便于计数（图 2-2）。若平板上出现蔓延菌菌落无法计数，则报告菌落蔓延（图 2-3）。

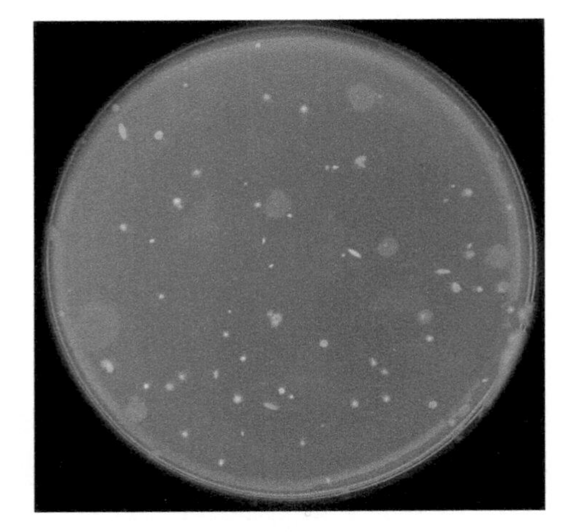

图 2-1 平板计数琼脂

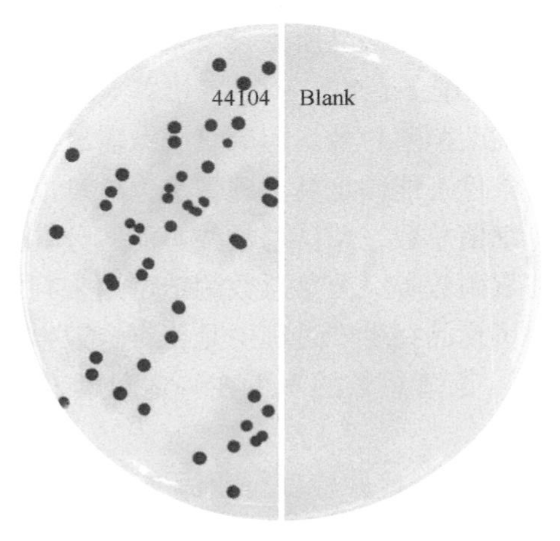

图 2-2 细菌在 TTC 营养琼脂上的菌落特征

44104. 大肠埃希氏菌（CMCC 菌株编号，下同）；Blank. 空白管

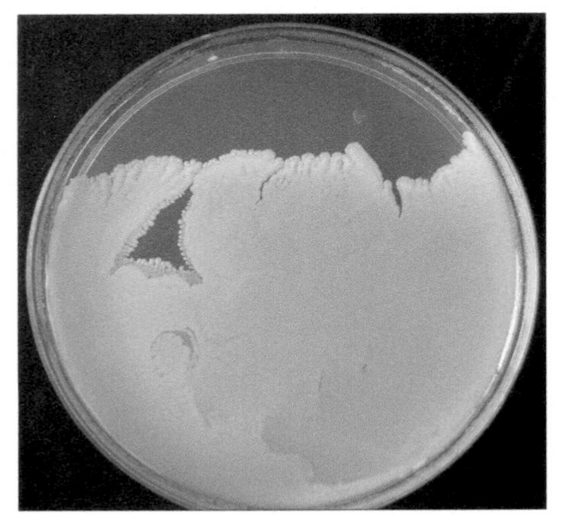

图 2-3 蔓延菌在平板计数琼脂上的菌落特征

3M 菌落总数测试片（aerobic count plate，AC）含有标准培养基，并加入TTC 作为菌落指示剂。测试片设计有方格，便于计数。根据国际分析化学家协会（Association of Official Analytical Chemists，AOAC）方法，（36±1）℃培养（48±2）h，计数红色菌落，计数范围为 30～300cfu/g，培养时测试片叠放片数小于 20 个（图 2-4）。

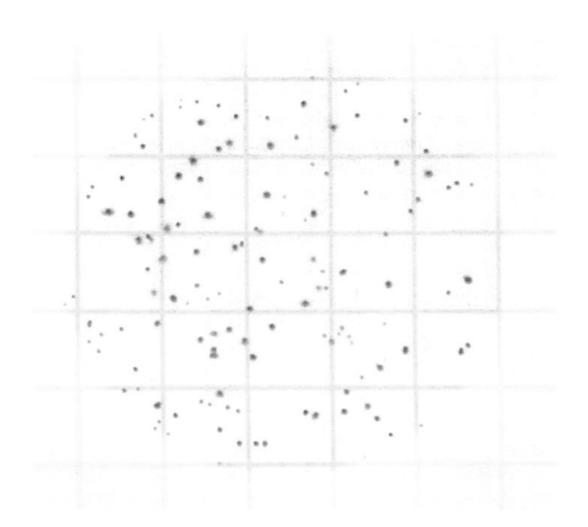

图 2-4　3M 菌落总数测试片（AC）

3M 快速菌落总数测试片，包含营养成分、冷水可溶性凝胶、双联指示剂，（36±1）℃培养（24±2）h，计数范围 30～300cfu/g，培养时叠放片数小于 40 个，菌落在测试片中显示为红色或蓝色（图 2-5）。

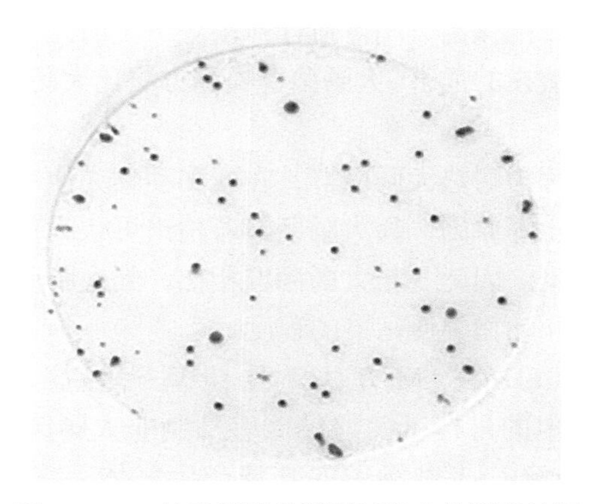

图 2-5　3M 快速菌落总数测试片上的菌落特征

日水菌落总数测试板（CDTC）含有非选择性培养基，加入 TTC 作为菌落指示剂，菌落显红色。计数时一个红色斑点计为一个菌落（图 2-6）。

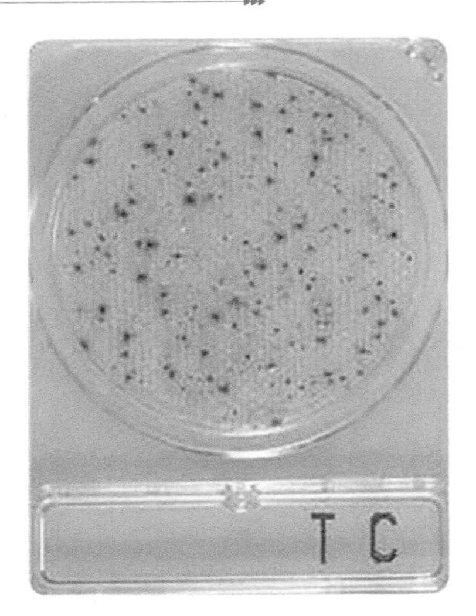

图 2-6　日水菌落总数测试板（CDTC）

第二节　大肠菌群

大肠菌群（coliform）是一群能发酵乳糖产酸产气、需氧和兼性厌氧的革兰氏阴性无芽孢杆菌。大肠菌群作为一类卫生指标菌，与大肠埃希氏菌相似，主要以其检出情况来判断食品是否受到粪便污染。粪便是肠道排泄物，健康者或者肠道病患者的粪便都会带菌，粪便中既有正常肠道菌，也可能有肠道致病菌（如沙门氏菌、志贺氏菌、霍乱弧菌、副溶血性弧菌等）。因此，食品受到粪便污染就有可能对食用者造成潜在的危害。大肠菌群检测方法比大肠埃希氏菌要简单得多，所以日益受到重视。

粪大肠菌群，也称为耐热大肠菌群，在人和动物粪便中所占的比例较大，由于在自然界中容易死亡等原因，粪大肠菌群若检出可认为食品直接或间接地受到了比较近期的粪便污染。因此，与大肠菌群相比，粪大肠菌群比大肠菌群更能贴切地反映食品受到人和动物粪便污染的程度。

根据 SN 标准和 FDA BAM 方法，月桂基硫酸盐蛋白胨（lauryl sulfate tryptose，LST）肉汤中的月桂基硫酸钠能够抑制非大肠菌群类细菌的生长。大肠菌群类细菌能够分解 LST 肉汤中的乳糖产生气体，在小倒管内有气泡出现（图 2-7）。

图 2-7　大肠菌群在 LST 肉汤中的产气现象

左为接菌管，右为空白管

根据 GB、SN 标准，大肠菌群在煌绿乳糖胆盐肉汤（brilliant green lactose bile broth，BGLB）中，（36 ± 1）℃培养 24 ~ 48h，肉汤变浑浊，颜色消退，并分解乳糖产生气体，在小倒管内收集有气泡（图 2-8）。

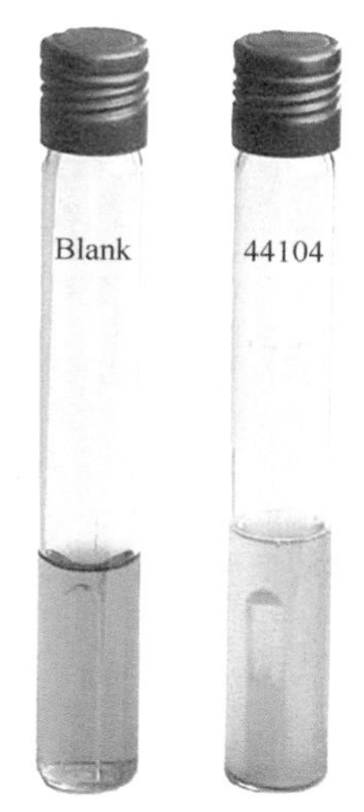

图 2-8　大肠菌群在 BGLB 中的生长情况

Blank. 空白管；44104. 大肠菌群

根据 SN 标准，大肠菌群在结晶紫中性红胆盐琼脂（violet red bile agar，VRBA）上的典型菌落为紫红色（图 2-9）。

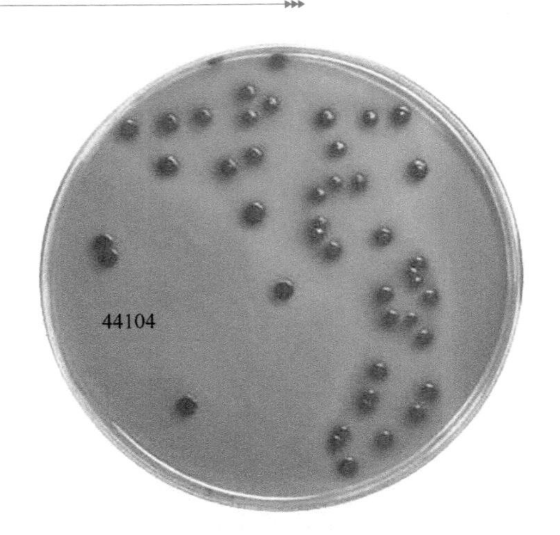

图 2-9 大肠菌群在 VRBA 上的菌落特征

44104：大肠菌群

大肠菌群在脱氧胆酸盐（deoxycholate，DC）琼脂上，典型菌落为红色，菌落周围有红色的胆盐沉淀环。菌落直径为 2 ~ 3mm 或更大（图 2-10）。

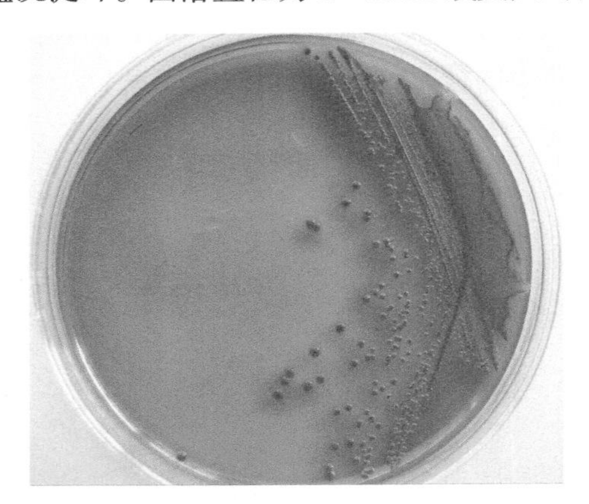

图 2-10 大肠菌群在脱氧胆酸盐（DC）琼脂上的菌落特征

在科玛嘉 ECC 显色培养基上，大肠菌群为红色菌落（图 2-11），而大肠埃希氏菌为蓝色菌落。

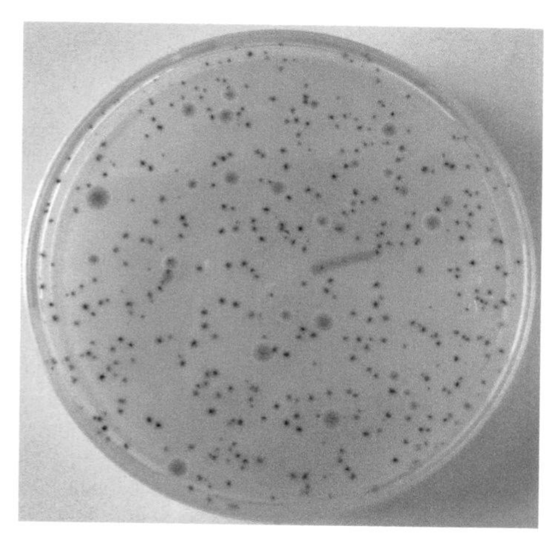

图 2-11 大肠菌群在科玛嘉 ECC 显色培养基上的菌落特征

在 Oxoid 选择性大肠埃希氏菌 / 大肠菌群显色培养基上，大肠菌群为红色菌落，而大肠埃希氏菌为蓝色菌落（图 2-12）。

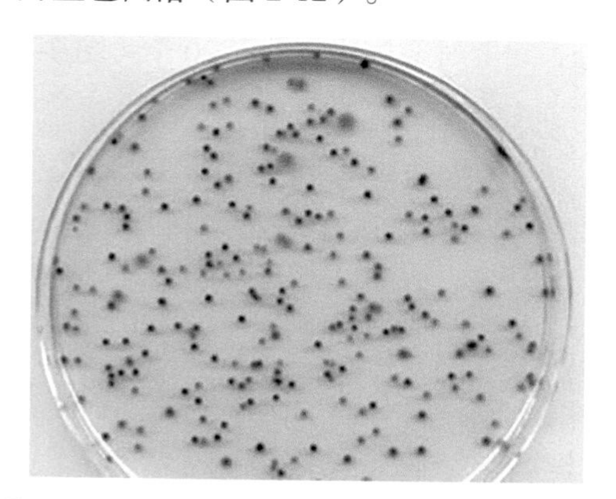

图 2-12 大肠菌群和大肠埃希氏菌在 Oxoid 选择性大肠埃希氏菌 / 大肠菌群显色培养基上的菌落特征

红色菌落为大肠菌群，蓝色菌落为大肠埃希氏菌

大肠埃希氏菌中含有β-葡萄糖醛酸酶，β-葡萄糖醛酸酶使其反应底物 5-溴-4-氯-3-吲哚-β-D-葡萄糖醛酸环己胺盐（X-gluc）水解，水解产物呈现蓝色至浅紫色。大肠菌群产生β-半乳糖苷酶，β-半乳糖苷酶催化 5-溴-6-氯-3-吲哚-β-D-半乳糖苷（Magenta-Gal）水解，水解产物呈现红色至紫色。在安科三色培养基上，35～37℃培养 18～24h，肠道菌呈现 3 种颜色，大肠埃希氏菌菌落呈现蓝色，大肠菌群菌落呈现红色，其他肠道菌为白色（图 2-13）。

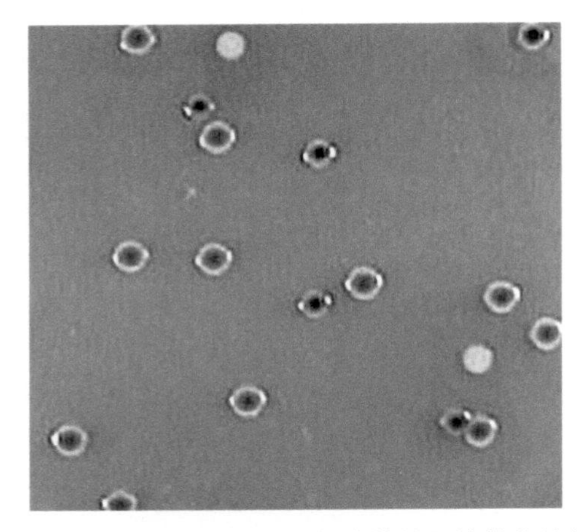

图 2-13　肠道菌在安科三色培养基上的菌落特征

红色菌落为大肠菌群，蓝色菌落为大肠埃希氏菌，白色菌落为其他肠道菌

根据 AOAC 方法，3M 大肠菌群测试片（coliform count plate，CC）含有改良的 VRBA 培养基。(36 ± 1) ℃培养 (24 ± 2) h，红色带气泡的菌落为目标菌落，计数范围 15 ~ 150cfu/g，培养时叠放片数小于 20 个（图 2-14）。

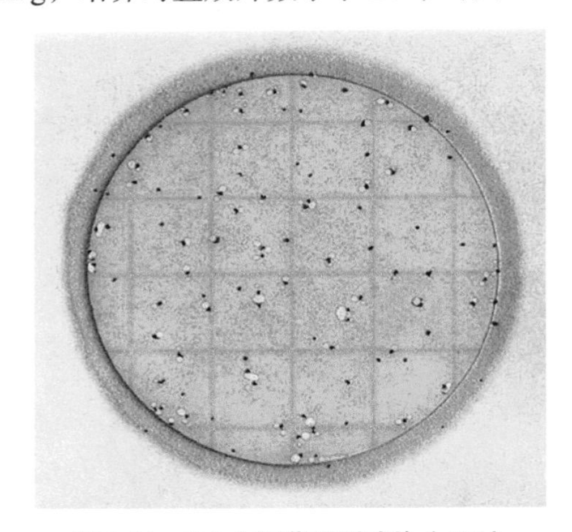

图 2-14　3M 大肠菌群测试片（CC）

根据 AOAC 方法，3M 高灵敏度大肠菌群测试片（high-sensitivity coliform count plate，HSCC）含有改良的 VRBA 培养基，灵敏度 1cfu/5ml 或 1cfu/5g。(36 ± 1) ℃培养 (24 ± 2) h，红色带气泡的菌落为目标菌落，粉红色晕圈辅助判读，培养时叠放片数小于 10 个（图 2-15）。

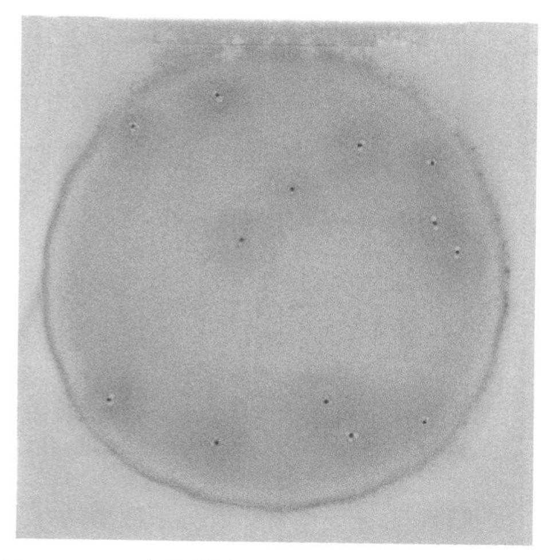

图 2-15　3M 高灵敏度大肠菌群测试片（HSCC）

3M 快速大肠菌群测试片可以快速检测大肠菌群，测试片中含有改良的 VRBA 培养基和酸检测的 pH 指示剂。培养时叠放片数小于 20 个。（36 ± 1）℃培养 6 ~ 14h，推测为大肠菌群；培养 24h，可确认大肠菌群。推测性判读：通过产酸区域计数大肠菌群（6 ~ 14h），计数有或没有红点的黄色区域为推测的大肠菌群数（图 2-16a）。确定性判读：24h 进行菌落计数，计数红色带气泡的菌落为大肠菌群（图 2-16b）。

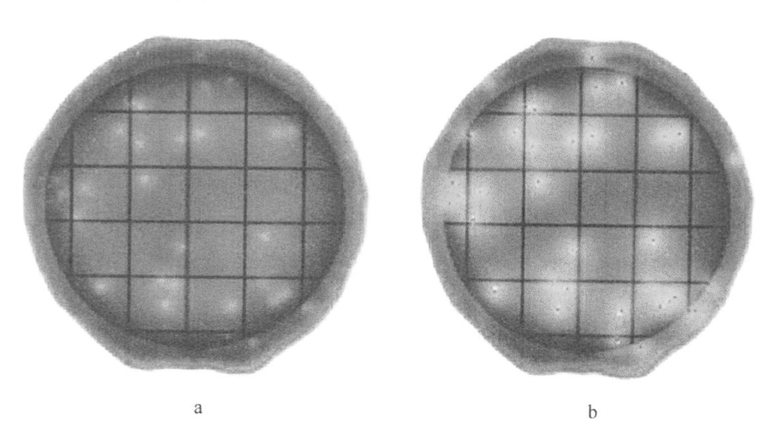

a　　b

图 2-16　3M 快速大肠菌群测试片判读

a. 推测性判读；b. 确定性判读

日水大肠菌群测试板（CDCF）培养基内含有 X-Gal 显色酶底物，35 ~ 37℃培养 24h，大肠菌群的菌落呈现蓝绿色或蓝色。培养基对大肠菌群有选择性，非大肠菌群菌落形成后没有颜色（图 2-17）。

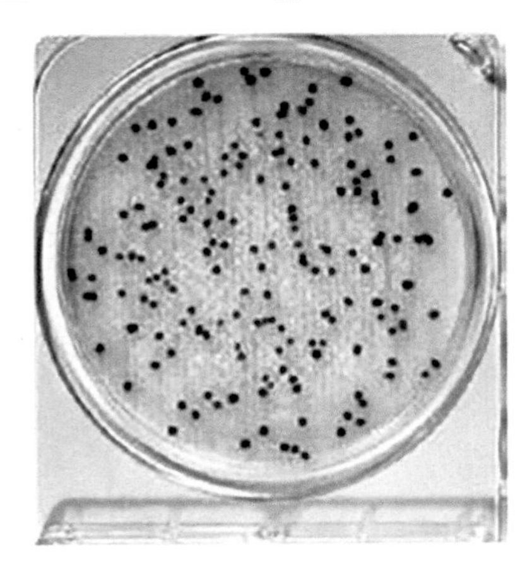

图 2-17　日水大肠菌群测试板（CDCF）

第三节　肠杆菌科

《伯杰氏系统细菌学手册》（*Bergey's Manual of Determinative Bacteriology*，1994）一书中将肠杆菌科（Enterobacteriaceae）定义为革兰氏阴性无芽孢杆菌，需氧、兼性厌氧，还原硝酸盐为亚硝酸盐，发酵利用葡萄糖产酸或产酸、产气，氧化酶阴性。根据细菌学新的分类，肠杆菌科现已包括肠道病原性和非病原性的埃希氏菌、志贺氏菌、爱德华氏菌、沙门氏菌、亚利桑那沙门氏菌、枸橼酸杆菌、克雷伯氏菌、肠杆菌、团聚肠杆菌、哈夫尼亚菌、沙雷氏菌、变形杆菌、耶尔森氏菌、欧文氏菌这 14 个属及其他 9 个菌群的细菌。故以其作为卫生指标菌比大肠菌群等更敏感、更准确。

目前在世界其他地方广泛采用大肠菌群、粪大肠菌群和大肠埃希氏菌作为食品卫生指标菌，但在欧洲大量使用肠杆菌科作为指标菌已有多年历史。其优点是，第一，可以消除因大肠菌群、粪大肠菌群产气特性导致的随检验方法和试验条件不同而造成的不准确性；第二，检出肠杆菌科可以认为加工后产品再次被细菌污染，因此大大提高了以大肠菌群或粪大肠菌群试验来证明食品加工不当的敏感性。目前北欧食品分析委员会（Nordic Committee on Food Analysis，NMKL）及国际标准化组织（International Standards Organization，ISO）已制定了食品中肠杆菌科检验的标准方法。

检测肠杆菌科相较于检测大肠菌群的优点是：肠杆菌科是食品加工中卫生状况的优良指示菌，其中包含多种指示菌，可以检测非乳糖发酵菌，如沙门氏菌、志贺氏菌等。检测大肠菌群的局限性为：缺乏对非乳糖发酵菌的检测，如沙门氏菌、志贺氏菌和耶尔森氏菌等；专一性差，会检出非肠道菌，如沙雷氏菌、气单胞菌。

根据 SN 标准和 FDA BAM 方法，结晶紫中性红胆盐葡萄糖琼脂（violet red bile gluc agar，VRBGA）又称肠道菌计数琼脂，肠杆菌科细菌在该培养基上可生成有或无沉淀环的粉红色至红色菌落，直径 0.5mm 或更大（图 2-18）。

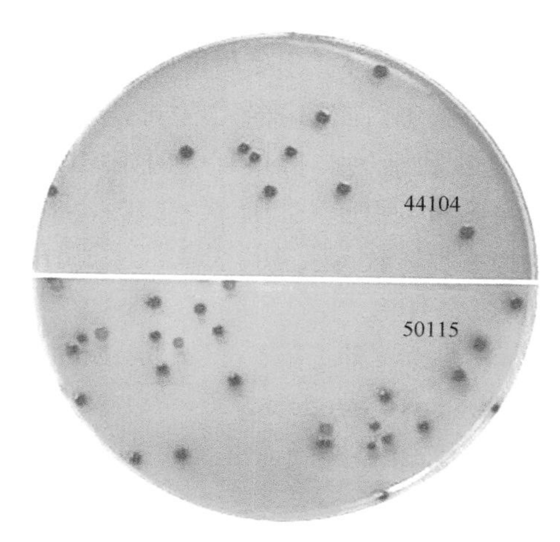

图 2-18 肠杆菌科细菌在 VRBGA 上的菌落特征

44104. 大肠埃希氏菌；50115. 鼠伤寒沙门氏菌

3M 肠杆菌科测试片（Enterobacteriaceae count plate，EB）含有改良的 VRBA 培养基和酸检测的 pH 指示剂。根据 AOAC 方法，（36 ± 1）℃培养（24 ± 2）h，计数红点带黄色区域，红点带气泡的菌落为肠杆菌科。培养时叠放片数小于 20 个（图 2-19）。

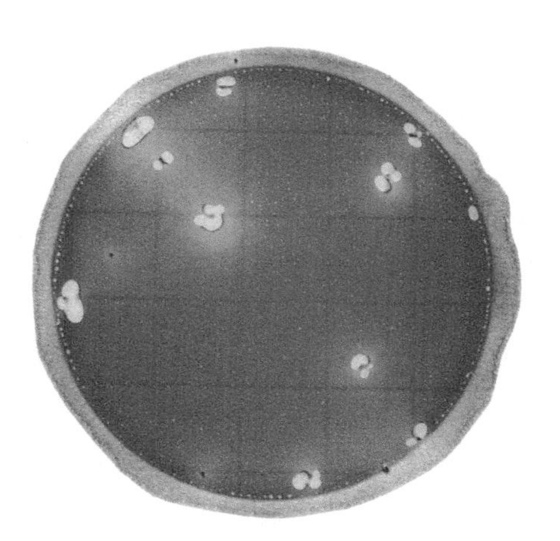

图 2-19 3M 肠杆菌科测试片（EB）

第四节　大肠埃希氏菌

大肠埃希氏菌（*Escherichia coli*），为革兰氏阴性短杆菌，大小0.5μm×（1～3）μm；周身鞭毛，能运动，无芽孢，兼性厌氧。其能发酵多种糖类，产酸、产气，是人和动物肠道中的正常栖居菌，婴儿出生后即随哺乳进入肠道，与人终身相伴。其代谢活动能抑制肠道内分解蛋白质的微生物生长，减少蛋白质分解产物对人体的危害，还能合成维生素B和维生素K及有杀菌作用的大肠埃希氏菌素。但也有某些血清型的大肠埃希氏菌可引起不同症状的腹泻，根据不同的生物学特性将致病性大肠埃希氏菌分为5类：致泻大肠埃希氏菌主要分为肠道致病性大肠埃希氏菌（enteropathogenic *E.coli*，EPEC）、肠道侵袭性大肠埃希氏菌（enteroinvasive *E.coli*，EIEC）、产肠毒素大肠埃希氏菌（enterotoxigenic *E.coli*，ETEC）、产志贺毒素大肠埃希氏菌（Shigatoxin-producing *E.coli*）又名肠道出血性大肠埃希氏菌（enterohemorrhagic *E.coli*，EHEC）、肠道集聚性大肠埃希氏菌（enteroaggregative *E.coli*，EAEC）。

EPEC能够引起严重水样腹泻疾病，是婴幼儿腹泻的主要病原菌，有高度传染性，严重者可致死，主要是食用受污染的饮用水和一些肉制品引起的。ETEC是指能够分泌热稳定性肠毒素或热不稳定性肠毒素的大肠埃希氏菌，被认为是引起腹泻的主要原因，发病症状为水性腹泻，低热或者不发热。EIEC能够侵入人体肠黏膜上皮细胞，引起痢疾形式的腹泻，该菌不像典型的大肠埃希菌，无动力、不发生赖氨酸脱羧反应、不发酵乳糖，生化反应和抗原结构均近似痢疾志贺氏菌（*Shigella dysenteriae*）。EHEC可引起宿主出血性肠炎或出血性腹泻，并可能进一步发展为致命的溶血性尿毒综合征，其典型特征是产生Vero毒素或志贺毒素（Stx）。EAEC不侵入肠道上皮细胞，但能引起肠道液体蓄积，不产生热稳定或热不稳定性肠毒素，唯一特征是能对Hep-2细胞形成聚集性黏附。

大肠埃希氏菌是人和许多动物肠道中最主要且数量最多的一种细菌，主要寄生在大肠内。大肠埃希氏菌在肠道中大量繁殖，几乎占粪便干重的1/3。在环境卫生不良的情况下，常随粪便散布在周围环境中。若在水和食品中检出此菌，可认为是被粪便污染的指标，从而提示可能有肠道病原菌的存在。因此，常作为饮水和食物（或药物）的卫生学标准。大肠埃希氏菌的抗原成分复杂，可分为菌体抗原（O）、鞭毛抗原（H）和表面抗原（K），表面抗原有抗机体吞噬和抗补体的能力。根据抗原的不同，可将大肠埃希氏菌分为150多个血清型，其中有16个血清型为致病性大肠埃希氏菌，侵入人体一些部位时，常引起流行性婴儿腹泻和成人腹膜炎、胆囊炎、膀胱炎及腹泻等。人在感染大肠埃希氏菌后的症状为胃痛、呕吐、腹泻和发热。感染可能是致命性的，尤其是对于孩子及老人。大肠埃希氏菌是研究微生物遗传的重要材料，如局限性转导就是1954年在大肠埃希氏菌K12菌株中发现的。莱德伯格（Lederberg）采用两株大肠埃希氏菌的营养缺陷型进行试验，奠定了细菌接合方法学及基因工程研究的基础。该菌对热的抵抗力较其他肠道杆菌强，55℃加热 60min 或 60℃加热 15min 仍有部分菌株存活。在自然界的水中可存活数周至数月，在温度较低的粪便中存活更久。胆盐、煌绿等对大肠埃希氏菌有抑制作用。对磺胺类、链霉素、氯霉素等敏感，但易耐药。

根据美国食品药品监督管理局（U.S. Food and Drug Administration，FDA）《细菌分析手册》（*Bacteriological Analytical Manual*，BAM）方法，大肠埃希氏菌在缓冲葡萄糖煌绿胆盐肉汤（EE 肉汤）中，（36 ± 1）℃培养 24h，肉汤变浑浊，颜色由绿变黄（图 2-20）。

图 2-20　大肠埃希氏菌在 EE 肉汤中的生长情况

Blank. 空白管；44104. 大肠埃希氏菌；50071. 伤寒沙门氏菌

根据 GB、SN 标准和 FDA BAM 方法，大肠埃希氏菌在 EC 肉汤中，（36 ± 1）℃培养 24h，肉汤变浑浊，并分解乳糖产生气体，在杜氏小管（小倒管）内收集有气泡（图 2-21）。

图 2-21　大肠埃希氏菌在 EC 肉汤中的生长情况

左为空白管，右为接菌管

根据 GB、SN 标准和 FDA BAM 方法，大肠埃希氏菌在麦康凯（MacC）琼脂平板上，（36±1）℃培养 18~24h，菌落呈圆形，表面光滑。分解乳糖的典型菌落为砖红色至桃红色，不分解乳糖的菌落为无色或者淡粉色（图 2-22）。

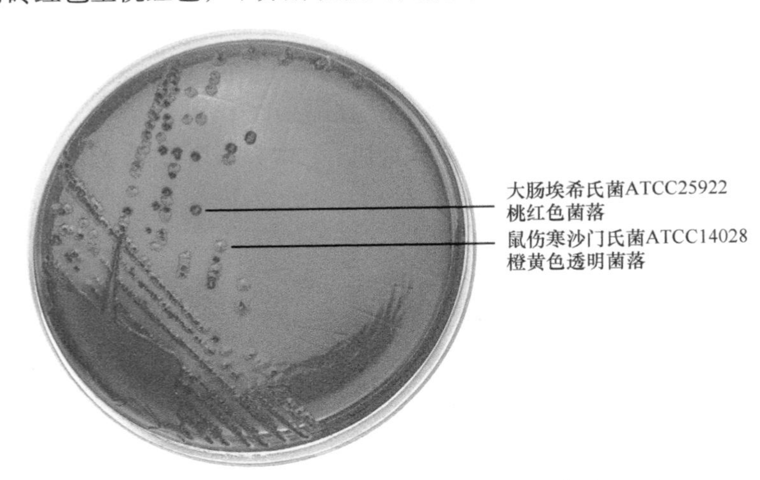

图 2-22　大肠埃希氏菌在麦康凯琼脂平板上的菌落特征

伊红 - 亚甲蓝（eosin-methylene blue，EMB）琼脂是一种弱选择性培养基。伊红和亚甲蓝同时具有抑制剂（抑制革兰氏阳性菌的生长）和指示剂的功能，在酸性条件下，二者结合成黑色沉淀。伊红为酸性染料，亚甲蓝为碱性染料，细菌分解乳糖产酸，菌体带正电荷，可以与带负电荷的酸性染料结合即染上伊红的颜色；如果细菌因产碱性物质较多带负电荷时，与带正电荷的碱性染料亚甲蓝结合而使得菌落呈蓝色。细菌产酸量较大时，染料可析出结晶形成绿色金属光泽。根据 GB、SN 标准和 FDA BAM 方法，大肠埃希氏菌在 EMB 琼脂上（36±1）℃培养 18~24h，菌落呈圆形，表面光滑。能够分解乳糖的大肠埃希氏菌，形成紫黑色菌落，并带有绿色金属光泽，不分解乳糖的大肠埃希氏菌无金属光泽（图 2-23）。

图 2-23　大肠埃希氏菌在 EMB 琼脂平板上的菌落特征

根据 GB、SN 标准和 FDA BAM 方法，大肠埃希氏菌接种三糖铁（TSI）琼脂斜面，（36 ± 1）℃培养 18 ~ 24h，会导致底部变黄，还会产生气体（图 2-24）。

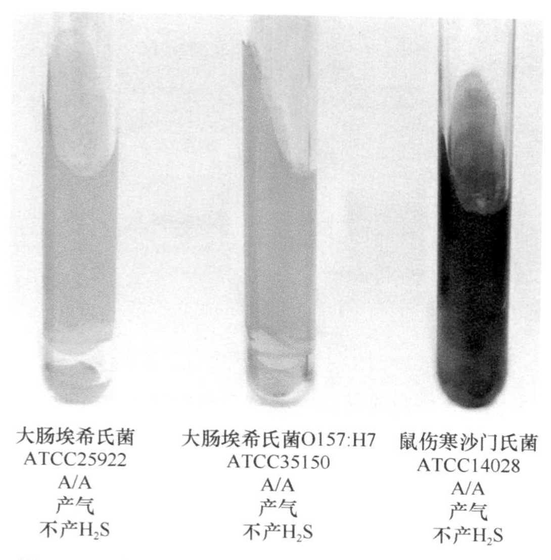

图 2-24 大肠埃希氏菌在 TSI 琼脂上的生长情况

在科玛嘉（CHROMagar）ECC 显色培养基上，（36 ± 1）℃培养 24h，大肠菌群为红色菌落，大肠埃希氏菌为蓝色菌落（图 2-25）。

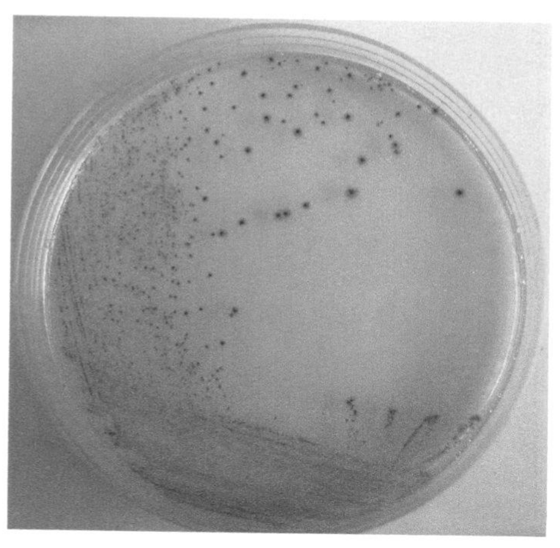

图 2-25 大肠埃希氏菌在科玛嘉 ECC 显色培养基上的菌落特征

在陆桥大肠埃希氏菌显色培养基上，37℃培养 24h，大肠埃希氏菌为蓝色菌落（图 2-26）。

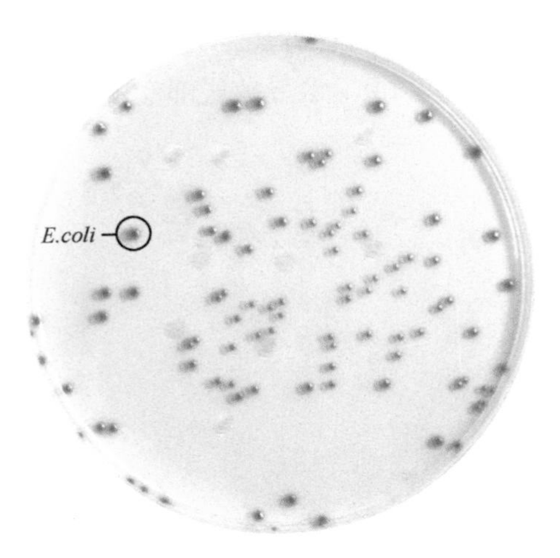

图 2-26　大肠埃希氏菌在陆桥显色培养基上的菌落特征

根据 AOAC 方法，3M 大肠埃希氏菌 / 大肠菌群测试片（*E.coli*/coliform count plate，EC），含有改良的结晶紫中性红胆盐（乳糖）琼脂（violet red bile lactose ager，VRBA）培养基，可同时测定大肠埃希氏菌和大肠菌群。（36 ± 1）℃，培养 24 ~ 48h 即可获得结果，计数范围 15 ~ 150cfu/g，带气泡的蓝色和红色菌落为大肠菌群，带气泡的蓝色菌落为大肠埃希氏菌，培养时测试片叠放片数小于 20 个（图 2-27）。

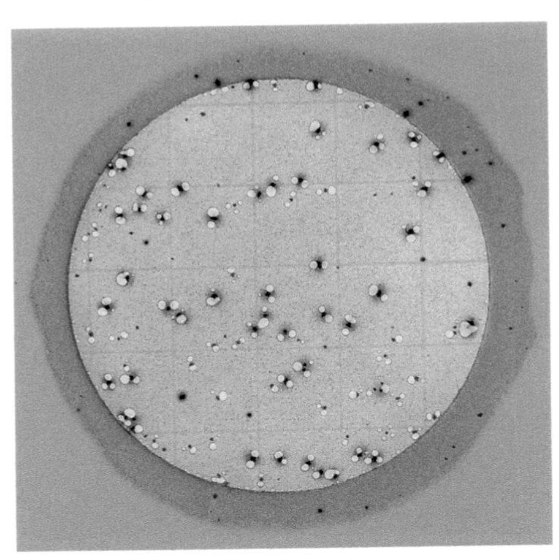

图 2-27　大肠埃希氏菌和大肠菌群在 3M 大肠埃希氏菌 / 大肠菌群测试片（EC）上的菌落特征

日水大肠菌群/大肠埃希氏菌测试板（CDEC）由于存在特殊的显色底物 X-gluc 和 Magenta-Gal，大肠埃希氏菌产生蓝色菌落，大肠菌群产生红色菌落（图 2-28）。

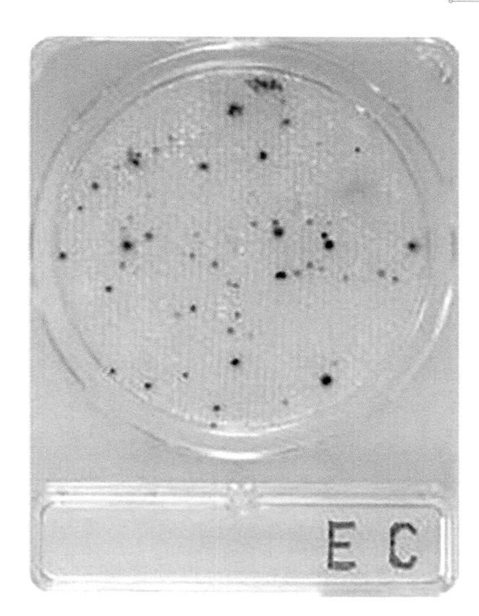

图 2-28 大肠埃希氏菌和大肠菌群在日水大肠菌群 / 大肠埃希氏菌测试板（CDEC）上的菌落特征

第五节 大肠埃希氏菌 O157：H7

大肠埃希氏菌 O157：H7 属于肠杆菌科（Enterobacteriaceae）埃希氏菌属（*Escherichia*）。大肠埃希氏菌 O157：H7 血清型属于肠道出血性大肠埃希氏菌（enterohemorrhagic *E.coli*，EHEC），生化特征与大肠埃希氏菌相类似。革兰氏染色阴性短杆菌，有鞭毛，有动力，周身有菌毛，无芽孢；兼性厌氧。在 37℃、pH 7.4 ~ 7.6 的普通培养基上能形成中等大小、圆形凸起、湿润、光滑、灰白色、半透明、边缘整齐的菌落。在肠道选择培养基上形成有色菌落，还能发酵葡萄糖、乳糖、麦芽糖、甘露醇等多种糖类产酸产气，但不发酵或迟缓发酵山梨醇，所以在山梨醇麦康凯琼脂上培养 24h 后形成无色光滑菌落。并且绝大多数 O157：H7 不产生 β- 葡萄糖醛酸酶，故不能水解 4- 甲基伞形花内酯 -β-D- 葡萄糖醛酸苷（MUG）产生荧光物质，借此与其他大肠埃希氏菌区别（图 2-29）。自 1982 年在美国首次发现以来，包括我国等许多国家都有报道此菌，且日渐增加。大肠埃希氏菌 O157：H7 在外环境中生存能力较强，在自然水中可存活数周至数月，在冰箱中可长期生存；其对酸的抵抗力较强；对热的抵抗力较差，75℃ 1min 即被杀死；耐低温，在 −20℃可存活 9 个月；对含氯消毒剂十分敏感，在有效氯含量 0.4mg/ml 以上的水体中难以存活。EC 肉汤中加入新生霉素制成改良 EC 肉汤（mEC），用于大肠埃希氏菌 O157：H7 的选择性增菌培养，新生霉素能抑制一些非目标菌的生长。

图 2-29 大肠埃希氏菌 O157：H7 在含 MUG 的月桂基硫酸盐胰蛋白胨肉汤（lauryl sulfate tryptose broth with MUG，MUG-LST）中不产生荧光

左为大肠埃希氏菌，右为大肠埃希氏菌 O157：H7

在 EMB 琼脂上，37℃培养 24h，大肠埃希氏菌 O157：H7 具有典型的大肠埃希氏菌菌落特征，黑心，带或不带有金属光泽（图 2-30）。

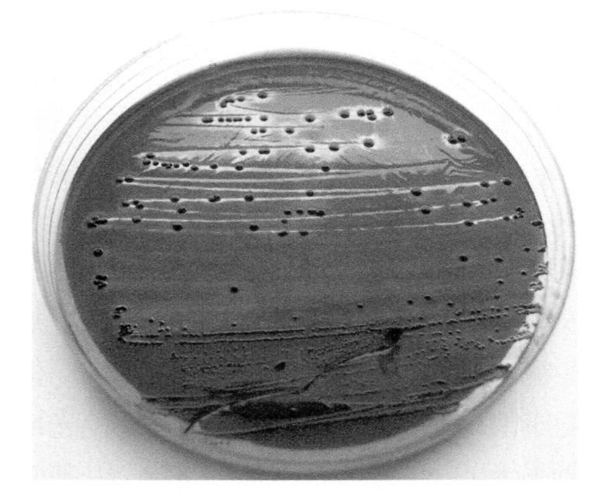

图 2-30 大肠埃希氏菌 O157：H7 在 EMB 琼脂上的菌落特征

山梨醇麦康凯琼脂中的头孢克肟主要抑制革兰氏阳性菌生长，亚碲酸钾抑制非 O157 革兰氏阴性菌生长。由于大肠埃希氏菌 O157：H7 不发酵或迟缓发酵山梨醇，根据 SN 标准，37℃培养 24h，典型大肠埃希氏菌 O157：H7 菌落扁平，透明或半透明，边缘光滑，具淡褐色中心，直径约 2mm（图 2-31）。

在科玛嘉 O157 显色培养基上，37℃培养 24h，典型大肠埃希氏菌 O157：H7 菌落显紫红色，而普通大肠埃希氏菌为蓝色菌落（图 2-32）。

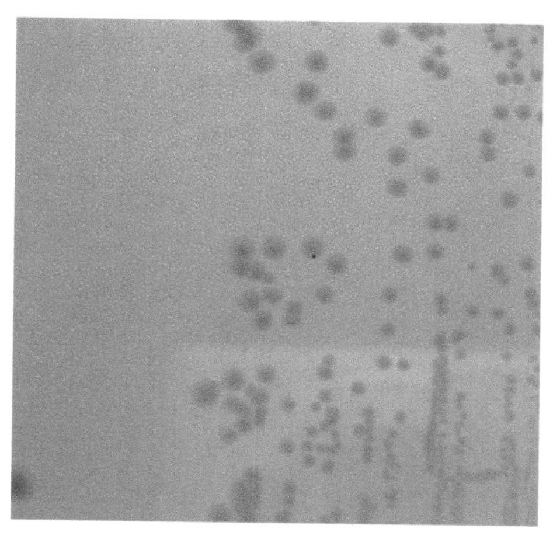

图 2-31　大肠埃希氏菌 O157：H7 在山梨醇麦康凯琼脂上的菌落特征

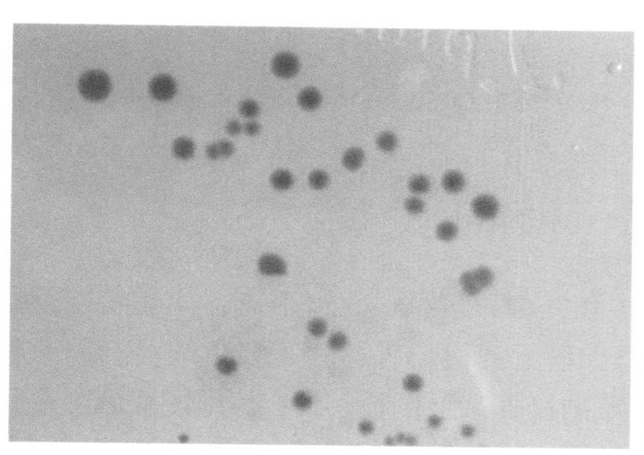

a. 大肠埃希氏菌O157：H7

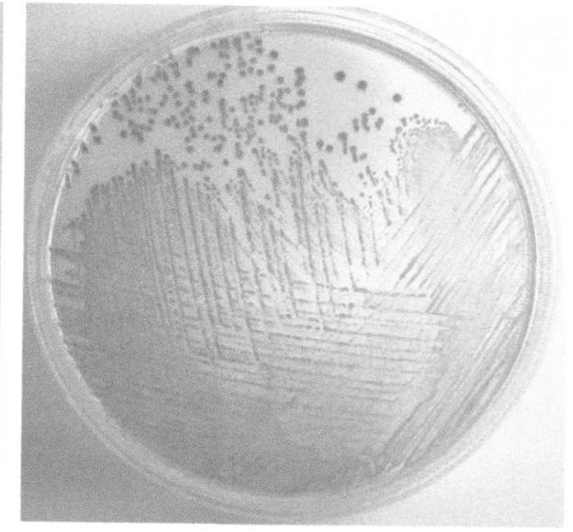

b. 大肠埃希氏菌

图 2-32　大肠埃希氏菌在科玛嘉 O157 显色培养基上的菌落特征

在梅里埃 O157 显色培养基上，37℃培养 24h，典型大肠埃希氏菌 O157：H7 菌落显蓝绿色（图 2-33）。

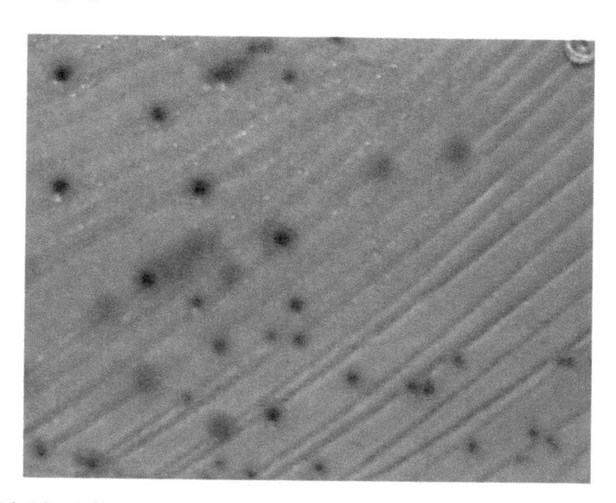

图 2-33　大肠埃希氏菌 O157：H7 在梅里埃 O157 显色培养基上的菌落特征

在陆桥 O157 显色培养基上，37℃培养 24h，典型大肠埃希氏菌 O157：H7 菌落显紫色，大肠埃希氏菌和大肠菌群显暗蓝色（图 2-34）。

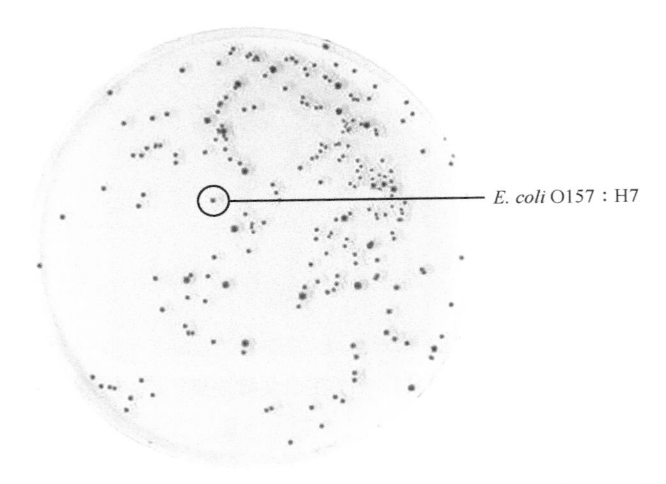

图 2-34　大肠埃希氏菌 O157：H7 在陆桥 O157 显色培养基上的菌落特征

第六节　沙门氏菌

沙门氏菌属（*Salmonella*）属于肠杆菌科，是一大群形态、生化特性及抗原构造相似的革兰氏阴性杆菌。沙门氏菌无芽孢，无荚膜，多数细菌有周身鞭毛和菌毛，有动力。沙门氏菌能在简单的培养基上生长，含有煌绿或亚硒酸盐的培养基可抑制大肠埃希氏菌的生长而起到对沙门氏菌选择性增菌的作用。沙门氏菌生长的最佳温度为 35 ~ 37℃，最佳 pH 为 6.5 ~ 7.5。沙门氏菌的抗原结构是其分类的重要依据，其抗原可分为菌体抗原（O 抗原）、鞭毛抗原（H 抗原）和表面抗原（Vi 抗原）三种。按菌体抗原结构的不同，可分为 A、B、C、D、E、F、G、H、I 等血清群，再按鞭毛抗原的不同而鉴别组内的各血清型。目前，已知沙门氏菌共有 2000 多种血清型，在我国已发现有 161 种血清型，但从人类和动物中经常分离出的血清型只有 40 ~ 50 种，其中仅有 10 种是主要血清型。与人类有关的血清型主要隶属于 A ~ E 组，即伤寒沙门氏菌（*Salmonella typhi*）、甲型副伤寒沙门氏菌（*Salmonella paratyphi*-A）、乙型副伤寒沙门氏菌（*Salmonella paratyphi*-B）、丙型副伤寒沙门氏菌（*Salmonella paratyphi*-C）、鼠伤寒沙门氏菌（*Salmonella typhimurium*）、猪霍乱沙门氏菌（*Salmonella enterica*）、肠炎沙门氏菌（*Salmonella enteritidis*）、鸭沙门氏菌（*Salmonella anatum*）、新港沙门氏菌（*Salmonella newport*）等，仅少数几种对人致病，其中以鼠伤寒沙门氏菌、肠炎沙门氏菌及猪霍乱沙门氏菌最为常见。沙门氏菌在自然界有广泛的宿主，少数沙门氏菌对宿主有选择性，绝大多数对人和动物均适应，可寄居在哺乳类、爬行类、鸟类、昆虫及人的胃肠道中。

根据 GB、SN 标准和 FDA BAM 方法，亚硒酸盐胱氨酸（selenite cystine，SC）增菌培养基中的亚硒酸盐能对食品中的沙门氏菌选择性增菌。因为亚硒酸与蛋白胨中的含硫氨基酸结合，形成亚硒酸和硫的复合物，可影响细菌硫的代谢，从而抑制大肠埃希氏菌、肠球菌和变形杆菌的增殖。但一般蛋白胨的含硫氨基酸很少，故需要添加胱氨酸，以增强抑菌作用。此外，胱氨酸也有增进沙门氏菌生长的作用，既能减少亚硒酸盐对细菌的毒性，又能提供必需的氨基酸（图 2-35）。

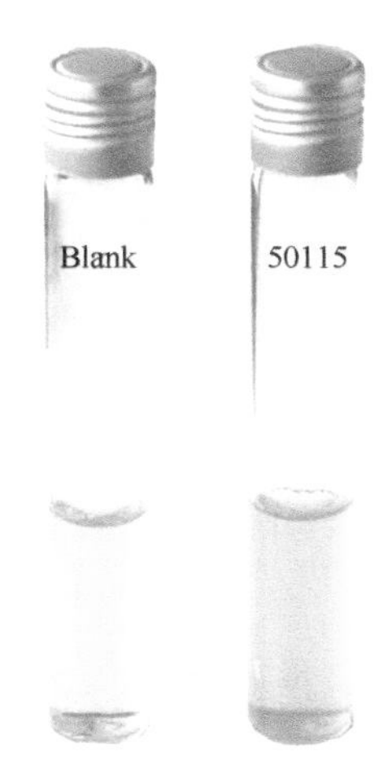

图 2-35　沙门氏菌在 SC 增菌培养基中的生长情况

Blank. 空白管；50115. 鼠伤寒沙门氏菌

根据 GB、SN 标准和 FDA BAM 方法，连四硫酸盐基础肉汤（tetrathionate broth base，TTB）中的胆盐为抑菌剂，能够抑制革兰氏阳性菌的生长，硫代硫酸钠和碘所生产的四硫磺酸钠，能部分抑制大肠埃希氏菌的生长。沙门氏菌由于具有产四硫磺酸酶的特性，能分解四硫磺酸，因而能在 TTB 中生长并增殖（图 2-36）。

RVS 肉汤（Rappaport Vassiliadis soya broth）可用于肉制品、乳制品、粪便及污水中沙门氏菌的选择性增菌。培养基中大豆蛋白胨提供菌体细胞生长所需要的氮源、碳源等；氯盐可以提高培养基体系的渗透压，磷酸盐作为缓冲体系维持培养基酸性环境（pH 5.2），孔雀绿可以抑制非沙门氏菌属细菌的生长。根据 ISO 标准，该培养基的选择性表现在高渗透压、低 pH 及孔雀绿的抑菌作用（图 2-37）。

根据 ISO 标准，MKTTn 基础肉汤（Muller Kauffmann with tetrathionate and novobiocin broth base）可用于沙门氏菌的选择性增菌培养。酪胨、牛肉浸粉在培养基中作为基础营养物质提供菌体细胞生长所需的氮源、碳源及其他营养元素等；氯化钠维持体系渗透压平衡；碳酸钙能中和、吸收毒素代谢物质（主要是培养基酸碱度的变化对细菌生长的影响）；胆盐抑制革兰氏阳性菌；硫代硫酸钠经碘（I_2）氧化生成四硫磺酸钠，对大肠菌群有抑制作用；煌绿可抑制大部分非沙门氏菌（图 2-38）。

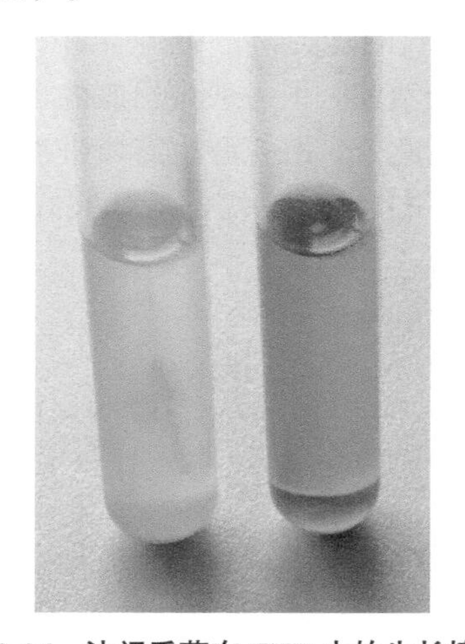

图 2-36　沙门氏菌在 TTB 中的生长情况

左为接菌管，右为空白管

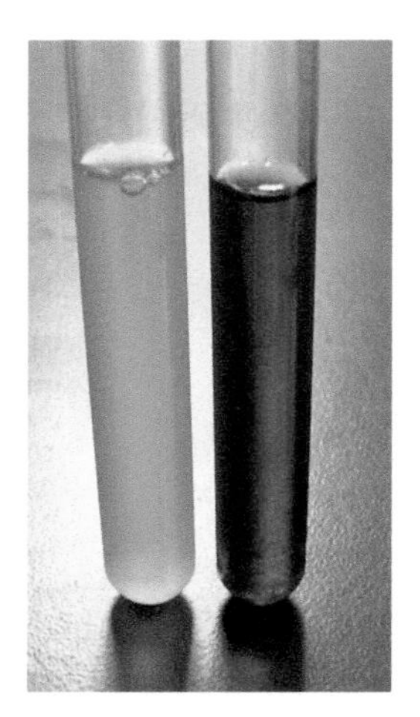

图 2-37　沙门氏菌在 RVS 中的生长情况

左为接菌管，右为空白管

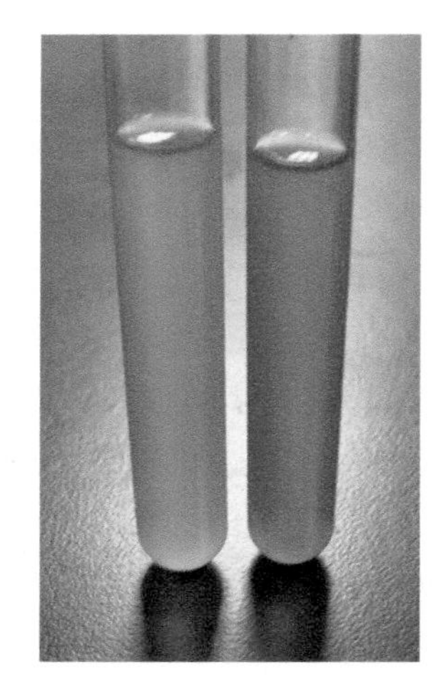

图 2-38　沙门氏菌在 MKTTn 基础肉汤中的生长情况

左为接菌管，右为空白管

根据 GB、SN、ISO 标准和 FDA BAM 方法，三糖铁（trisaccharide iron，TSI）琼脂适用于肠杆菌科的鉴定，用以观察细菌对糖的利用和硫化氢的产生。培养基中乳糖、蔗糖和葡萄糖质量比为 10∶10∶1，沙门氏菌由于只发酵其中的葡萄糖，所产生的酸少，只在培养基的底部（厌氧）呈酸性反应，而在斜面的酸（有氧）被进一步氧化，加之氮代谢的碱性产物也可中和少量的酸，使其呈中性或微碱性，因为指示剂是酚红，所以外观呈红色，只有底部颜色有些偏黄。另外，能发酵乳糖的细菌（如大肠埃希氏菌）则在底部产生大量的酸，并扩散至表面，使得整个培养基呈黄色。如培养基接种后产生黑色沉淀，是因为细菌能分解含硫氨基酸，生成硫化氢，硫化氢遇到培养基中的铁盐，形成黑色的硫化亚铁。而三糖铁琼脂中的硫代硫酸钠作为还原剂，能保持还原环境，使产生的硫化氢不致被氧化。总之，在三糖铁琼脂上，沙门氏菌上层产碱显红色，下层产酸显黄色，培养基发黑（产硫化氢）或不发黑（不产硫化氢）（图 2-39）。

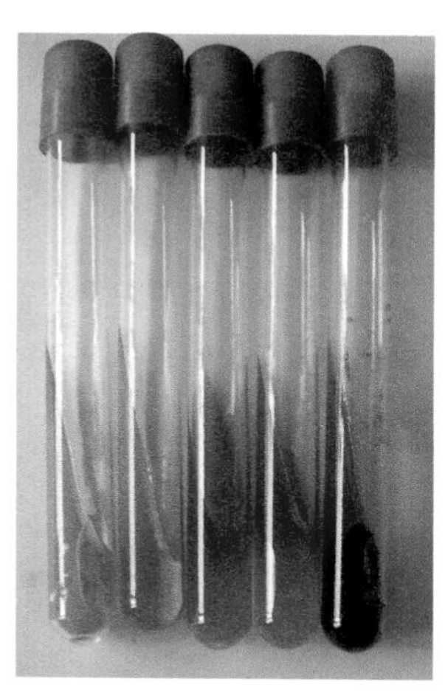

图 2-39　沙门氏菌在三糖铁琼脂斜面上的颜色特征

左起第 1、2 管为空白管，第 3、4 管为硫化氢阴性沙门氏菌，第 5 管为硫化氢阳性沙门氏菌

根据 GB、SN 标准和 FDA BAM 方法，尿素酶是细菌鉴定的一个重要生化项目。有些细菌能产生尿素酶而分解尿素琼脂中的尿素，产生大量的氨，使培养基的 pH 升高，指示剂酚红由黄色变为粉红色。而沙门氏菌为尿素酶阴性菌，接种培养后尿素酶琼脂的颜色为黄色（图 2-40）。

沙门氏菌能利用葡萄糖，将亚硫酸铋（bismuth sulphite，BS）琼脂中的亚硫酸铋还原成硫化物，并与硫酸亚铁反应形成黑色菌落。由于沙门氏菌菌落内部有一个电势向外扩散，从而导致菌落具有强还原力，可将硫酸盐和亚硫酸盐还原成硫化物，由于铁离子的存在，呈现黑色并集中于菌落中心，四周逐渐淡化，形成黑色或褐色环。此外，由于铋离子被还原为金属铋，使菌落呈现金属光泽。根据 GB 标准，沙门氏菌在 BS 琼脂上培养 24h 后，可形成 3 种不同的菌落：①深黑色菌落，大小为 2mm，菌落扁平，并有向周围扩散的灰褐色晕环；②灰黑色至灰褐色菌落，大小为 2 ~ 3mm，圆形，光滑、湿润、凸起，周围有向外扩散的灰褐色晕环，多数沙门氏菌属于此类；③浅灰色菌落，一般较大，直径为 2 ~ 4mm，凸起，黏液状，有向周围扩散或无扩散的灰褐色晕环（图 2-41a）。与沙门氏菌相比，大肠埃希氏菌在 BS 琼脂上能形成灰黑色菌落，但没有金属光泽（图 2-41b）。

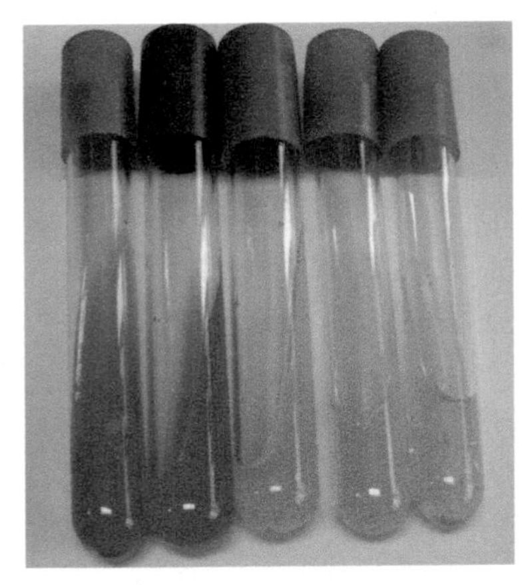

图 2-40　沙门氏菌在尿素酶琼脂斜面上的颜色特征

左起第 1、2 管为奇异变形杆菌（阳性），第 3、4、5 管为沙门氏菌（阴性）

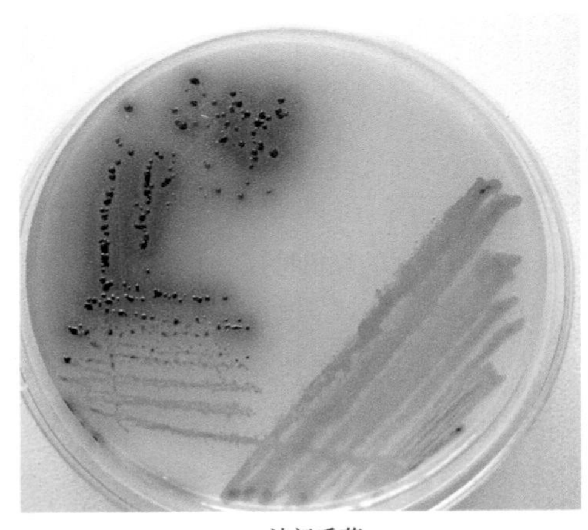

a. 沙门氏菌

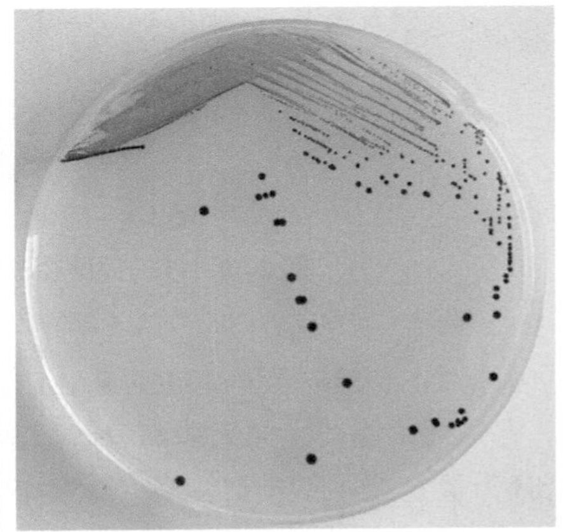

b. 大肠埃希氏菌

图 2-41　两种细菌在 BS 琼脂上的菌落特征

HE（Hekton enteric）琼脂的特点是在保证细菌所需营养的基础上，加入一些抑制剂和指示剂。抑制剂如胆盐、枸橼酸盐、硫代硫酸钠等，可以抑制肠道致病性革兰氏阳性菌的生长；溴麝香草酚蓝及酸性复红为指示剂。根据 GB 标准和 FDA BAM 方法，沙门氏菌在 HE 琼脂上培养 24h 后可形成两类不同的菌落：一类菌落大小为 2 ~ 3mm，绿色至蓝绿色，中央有黑色沉淀物（图 2-42a）；另一类菌落大小约为 2mm，绿色至蓝绿色，无黑色沉淀物（图 2-42b）。亚利桑那沙门氏菌，由于发酵乳糖，可形成橙黄色带黑心的菌落，直径约为 2mm，其他利用乳糖但不产硫化氢的细菌为黄色菌落（图 2-42c）。有些柠檬酸杆菌属（*Citrobacter*）的细菌，因为发酵乳糖，也可形成橙黄色带黑心的菌落（图 2-34），但柠檬酸杆菌形成的黑色中心比亚利桑那沙门氏菌的相对较小，要注意这两种菌的区别，其他菌落特征见图 2-42e、f。

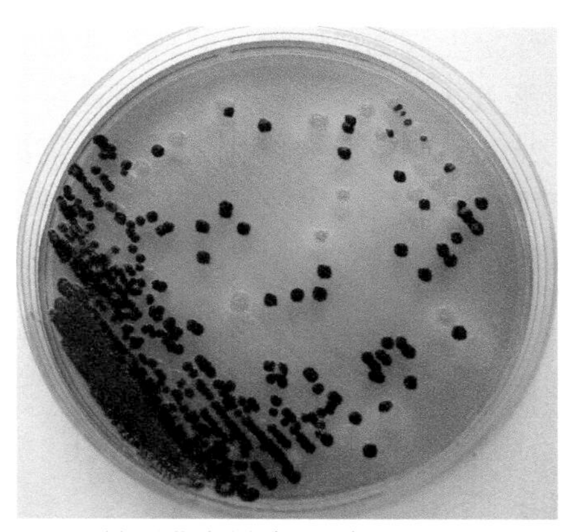

a. 沙门氏菌（硫化氢阳性）在HE琼脂上的菌落特征（黑色中心菌落）

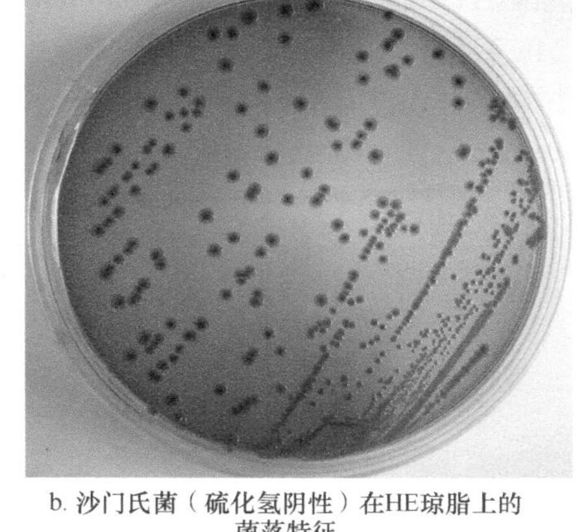

b. 沙门氏菌（硫化氢阴性）在HE琼脂上的菌落特征

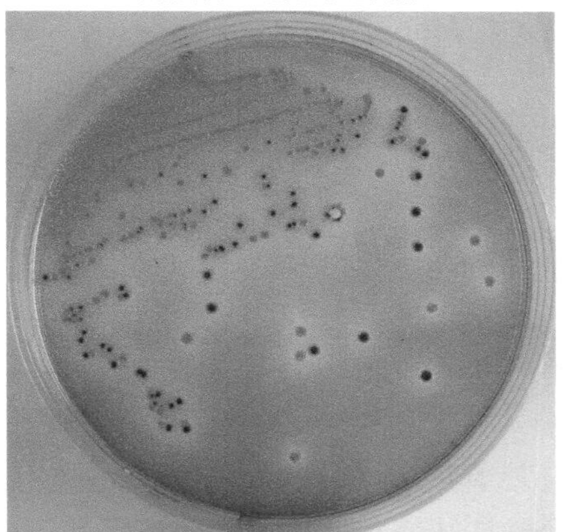

c. 亚利桑那沙门氏菌在HE琼脂上的菌落特征（黑色中心菌落）

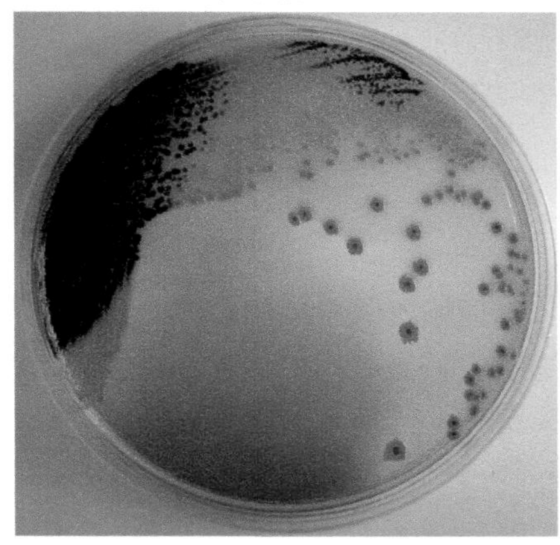

d. 柠檬酸杆菌在HE琼脂上的菌落特征

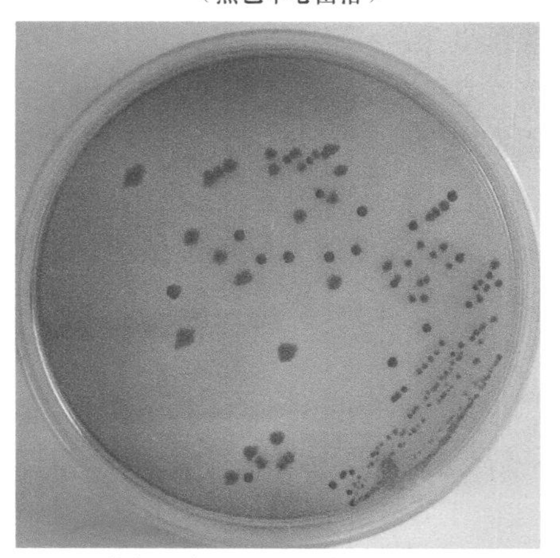

e. 其他乳糖阳性、硫化氢阴性的肠道菌在HE琼脂上的菌落特征

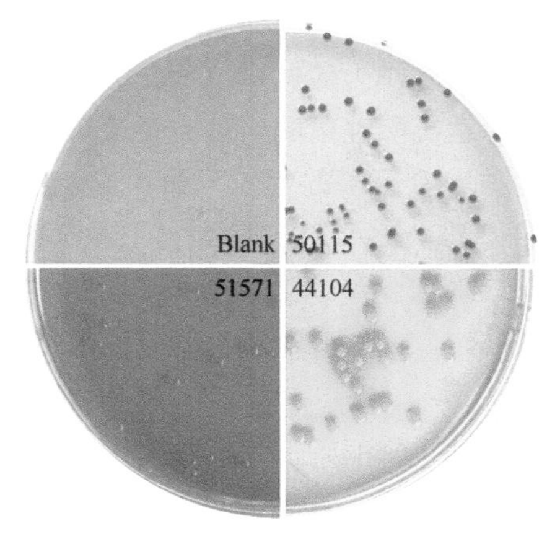

f. 几种肠杆菌科细菌在HE琼脂上的菌落特征比较（Blank. 空白培养基；50115. 鼠伤寒沙门氏菌；51571. 福氏志贺氏菌；44104. 大肠埃希氏菌）

图 2-42　不同细菌在 HE 琼脂上的菌落特征

沙门氏菌在 WS（Wuhan *Salmonella*）琼脂上与 HE 琼脂上的特征相似，培养 24h 后可形成两种不同的菌落：一类菌落大小为 2～3mm，绿色至蓝绿色，中央有黑色沉淀物；另一类菌落大小约为 2mm，绿色至蓝绿色，无黑色沉淀物（图 2-43）。亚利桑那沙门氏菌，由于发酵乳糖，可形成橙黄色带黑心的菌落，直径约为 2mm。

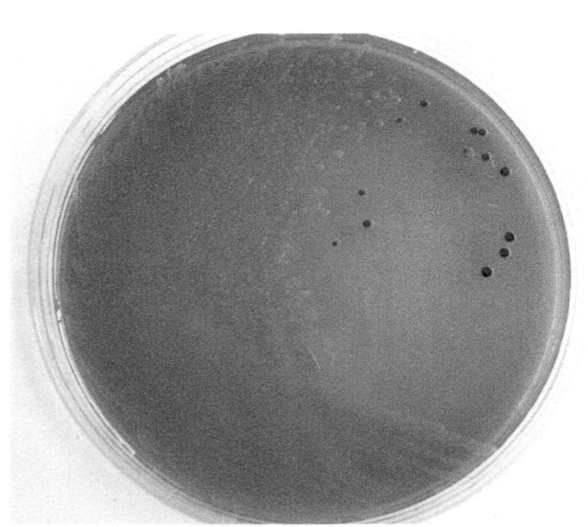

图 2-43　沙门氏菌在 WS 琼脂上的菌落特征

木糖赖氨酸脱氧胆酸盐（xylose lysine deoxycholate，XLD）琼脂中的酵母粉为细菌生长提供维生素和辅助因子，木糖、乳糖和蔗糖作为可发酵的碳源。除志贺氏菌外，其他大多数肠杆菌科细菌均发酵木糖，加入赖氨酸是为了鉴别沙门氏菌。沙门氏菌发酵木糖产酸，形成的酸性环境有利于该菌产生脱羧酶，沙门氏菌使赖氨酸脱羧，从而使培养基的 pH 升高向碱性转变，但这种转变可因其他菌发酵乳糖和蔗糖产生大量的酸而被阻止。在碱性条件下，硫代硫酸钠及柠檬酸铁铵与沙门氏菌产生的硫化氢反应使得菌落的颜色呈黑色，但酸性条件下这种反应被抑制。酚红作为酸碱指示剂，氯化钠维持培养基的渗透压。脱氧胆酸钠能够抑制一般革兰氏阳性菌的生长，在该培养基中脱氧胆酸钠的浓度下，也可以部分地拟制大肠埃希氏菌的生长，而不影响沙门氏菌和志贺氏菌的生长。根据 GB、ISO 标准和 FDA BAM 方法，沙门氏菌培养 24h，大多数可形成红色带黑心的菌落，大小约为 2mm，光滑、湿润、边缘整齐（图 2-44）。亚利桑那沙门氏菌，由于发酵乳糖，可形成带黑心的黄色菌落，直径约为 2mm。

根据 SN 标准，胆硫乳（deoxycholate hydrogen sulfide lactose，DHL）琼脂中的脱氧胆酸钠和枸橼酸钠能较强地抑制一般革兰氏阳性菌的生长，达到对沙门氏菌的选择性分离。根据 GB 和 SN 标准，沙门氏菌培养 24h，产生硫化氢的沙门氏菌可形成带有黑心的菌落，大小为 2～3mm，圆形、凸起、湿润、边缘整齐（图 2-45a）。不产生硫化氢的沙门氏菌，菌落中心无黑色沉淀物（图 2-45b）。绝大多数亚利桑那沙门氏菌，由于发酵乳糖和产生硫化氢，形成红色带黑心的菌落（图 2-45c）。其他利用乳糖但不产硫化氢的细菌为红色菌落（图 2-45d）。

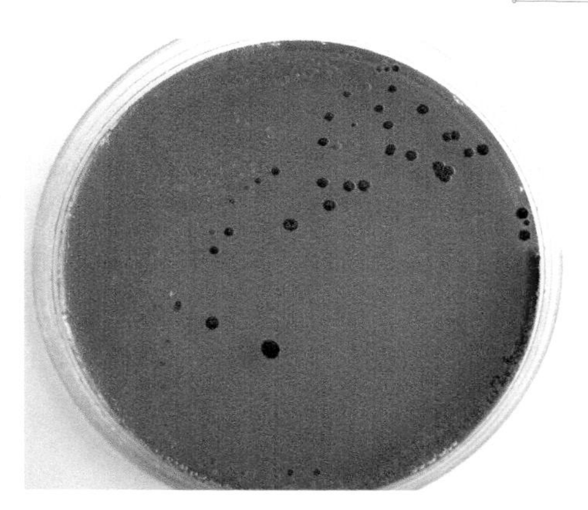

图 2-44 沙门氏菌在 XLD 琼脂上的菌落特征

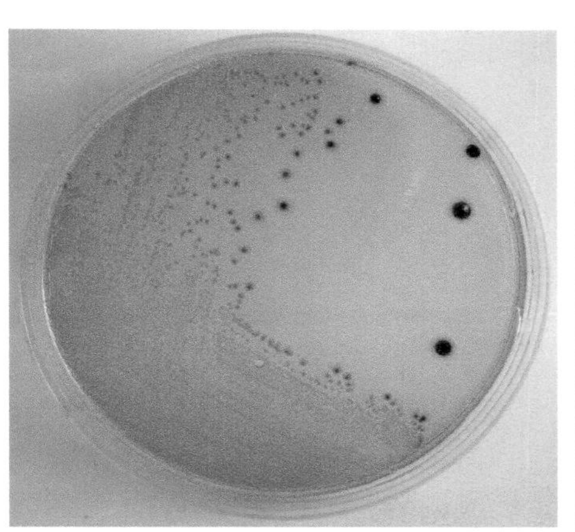

a. 沙门氏菌（硫化氢阳性）

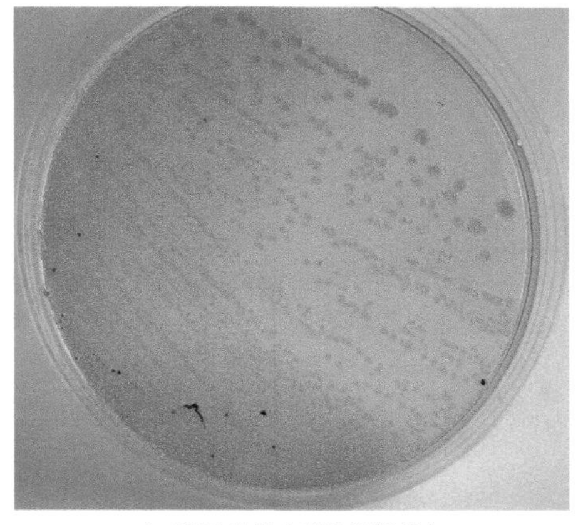

b. 沙门氏菌（硫化氢阴性）

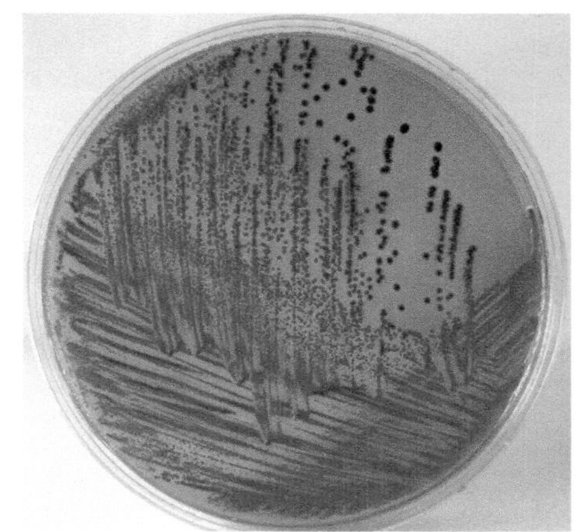

c. 亚利桑那沙门氏菌

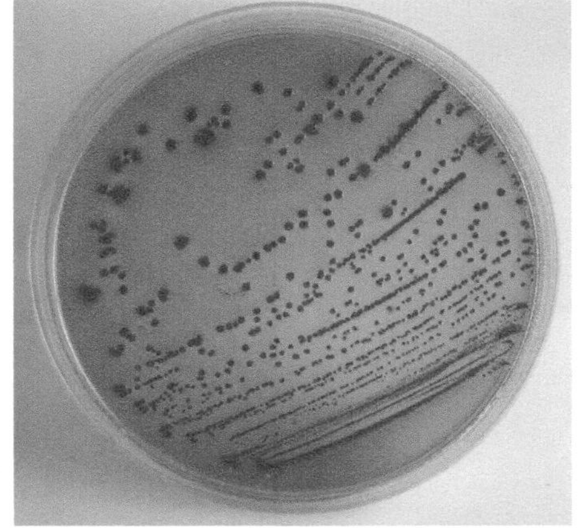

d. 其他乳糖阳性、硫化氢阴性的肠道菌

图 2-45 不同细菌在 DHL 琼脂上的菌落特征

亚利桑那沙门氏菌（*Salmonella arizona*，SA）琼脂中的胆盐可抑制革兰氏阳性菌的生长，硫代硫酸钠与柠檬酸铁铵分别作为产硫化氢的底物和指示剂，酚红作为酸碱指示剂。细菌还原硫代硫酸钠中的无机硫生成硫化氢与柠檬酸铁铵中的铁离子作用生成黑色的硫化亚铁物质附着于菌体，使得菌落呈黑色而得到鉴定。根据SN标准，在SA琼脂上，沙门氏菌培养24h后，形成黄色有暗蓝色中心的菌落，菌落周围培养基中有黄色沉淀物（图2-46a）；亚利桑那沙门氏菌为粉红色有黑色中心的菌落，有时全黑色，周围培养基呈红色（图2-46b）。

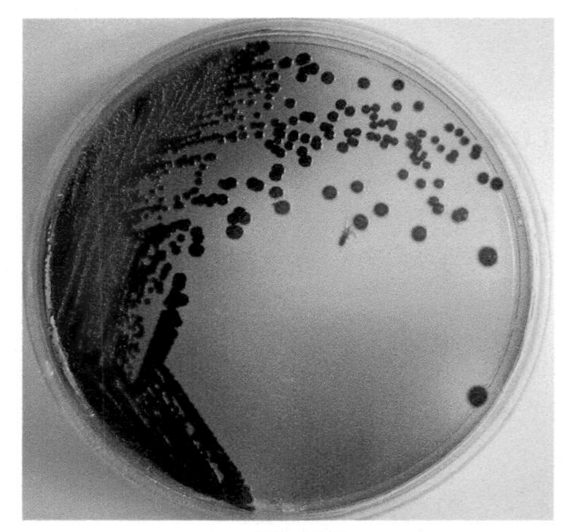

a. 沙门氏菌

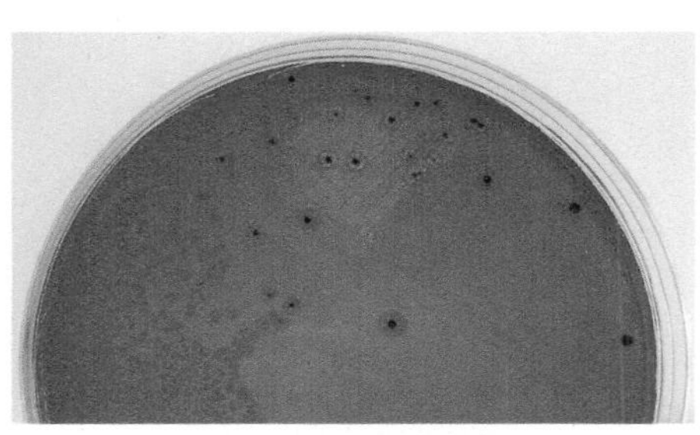

b. 亚利桑那沙门氏菌

图2-46　两种细菌在SA上的菌落特征

在麦康凯琼脂上，沙门氏菌培养24h，形成透明、无色、湿润、光滑的菌落，有时带有暗色中心（图2-47）。

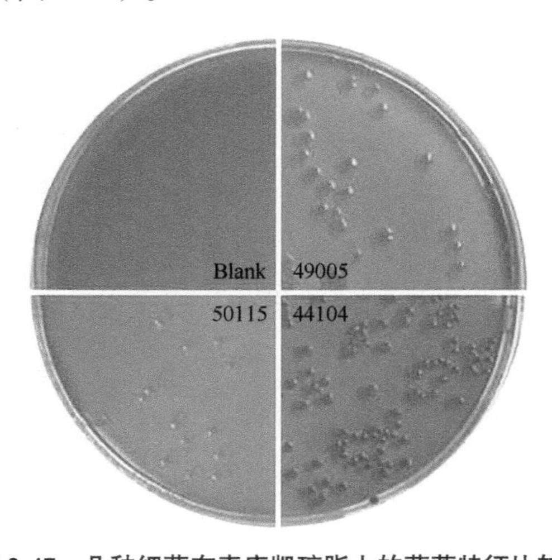

图2-47　几种细菌在麦康凯琼脂上的菌落特征比较图

Blank. 空白培养基；49005. 奇异变形杆菌；50115. 鼠伤寒沙门氏菌（硫化氢阳性）；44104. 大肠埃希氏菌

在 EMB 琼脂上，沙门氏菌培养 24h 后，形成比培养基颜色稍浅、半透明至不透明的菌落，菌落大小为 2～3mm（图 2-48）。

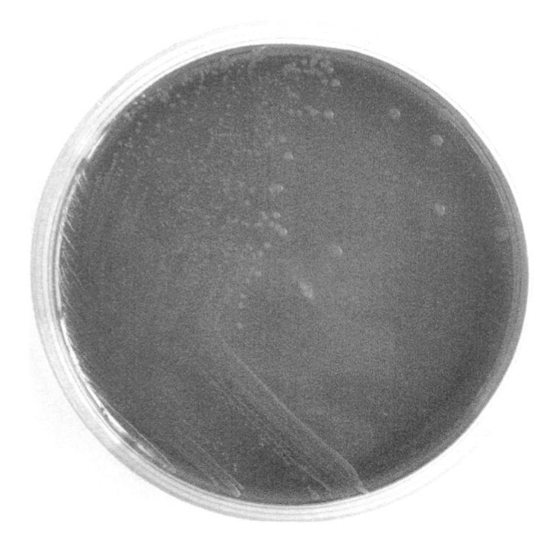

图 2-48　沙门氏菌在 EMB 琼脂上的菌落特征

沙门氏菌志贺氏菌（*Salmonella-Shigella*，SS）琼脂可用于沙门氏菌、志贺氏菌的选择性分离。沙门氏菌与志贺氏菌因不发酵乳糖只分解蛋白胨而产生碱性物质，所以菌落不着色，呈半透明。大肠埃希氏菌能发酵乳糖产酸使胆酸盐沉淀，故菌落呈红色，或中心显红色。某些变形杆菌和沙门氏菌的菌落中心为黑色，这是产硫化氢的缘故（图 2-49）。

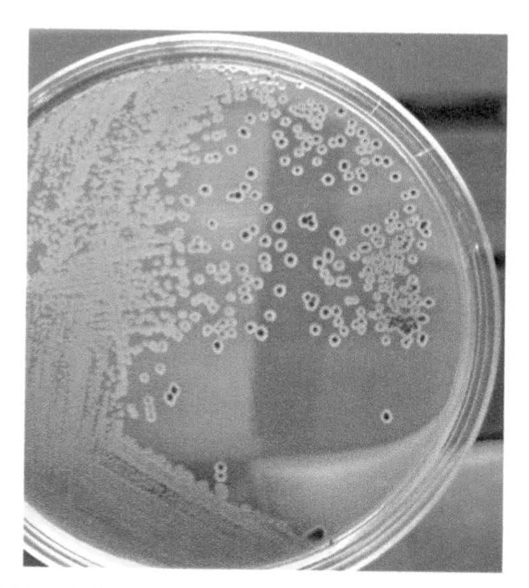

图 2-49　沙门氏菌（硫化氢阳性）在 SS 琼脂上的菌落特征

根据 FDA BAM 方法，在煌绿琼脂（brilliant green agar，BGA）上，沙门氏菌培养 24h。典型沙门氏菌显粉红色，菌落大小为 2～3mm（图 2-50）。

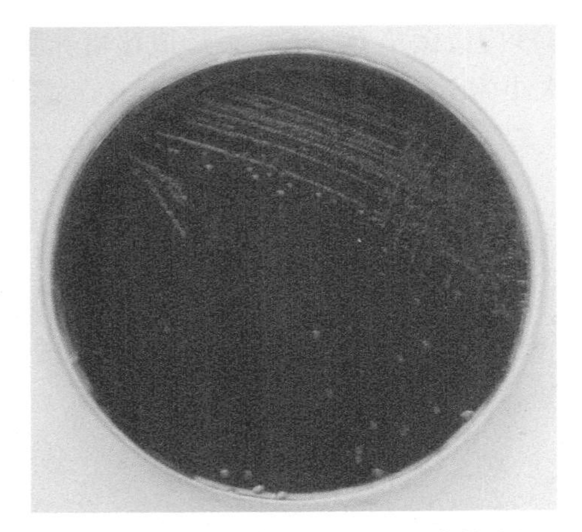

图 2-50　沙门氏菌在 BGA 上的菌落特征

在科玛嘉沙门氏菌显色培养基上，沙门氏菌培养 24h。典型沙门氏菌显紫红色，菌落大小为 2 ~ 3mm（图 2-51）。

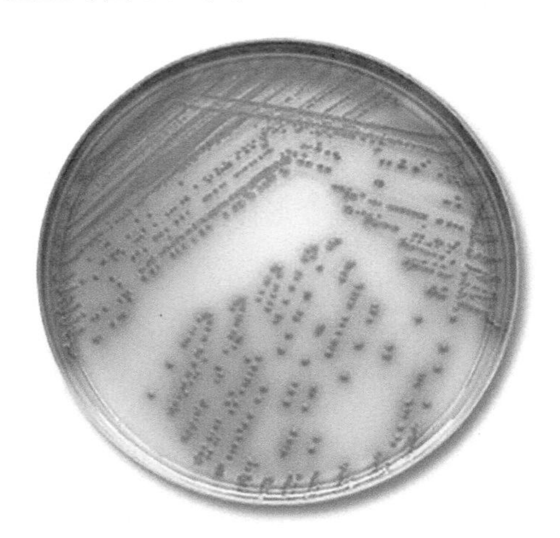

图 2-51　沙门氏菌在科玛嘉显色培养基上的菌落特征

在陆桥沙门氏菌显色培养基上，沙门氏菌培养 24h。典型沙门氏菌显紫红色，菌落大小为 2 ~ 3mm（图 2-52）。

3M 沙门氏菌测试片可用于食品和环境样本的检测。用 3M 沙门氏菌增菌培养基进行增菌后，划线到测试片上，（41.5 ± 1）℃培养（24 ± 2）h，如果有红色、深红色或棕色，并带有黄色晕圈或气泡的菌落标记推测为阳性菌落，需要加确认反应片；在相同的温度下培养 4 ~ 5h，标记的菌落颜色变为蓝绿色、蓝色或黑色，或者菌落周围有蓝色沉淀环绕，则判为生化确认的沙门氏菌（图 2-53）。

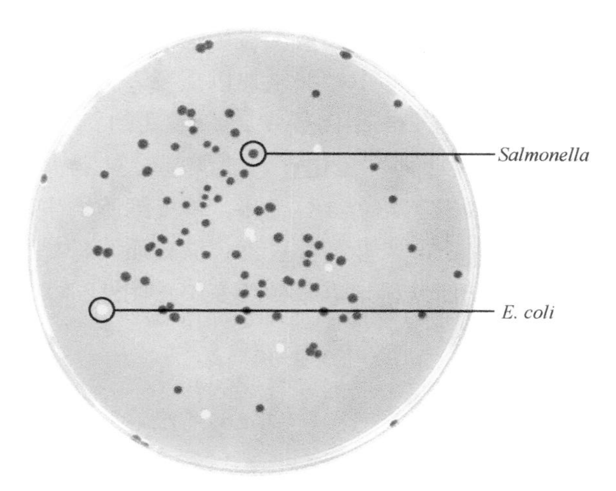

图 2-52　沙门氏菌在陆桥显色培养基上的菌落特征

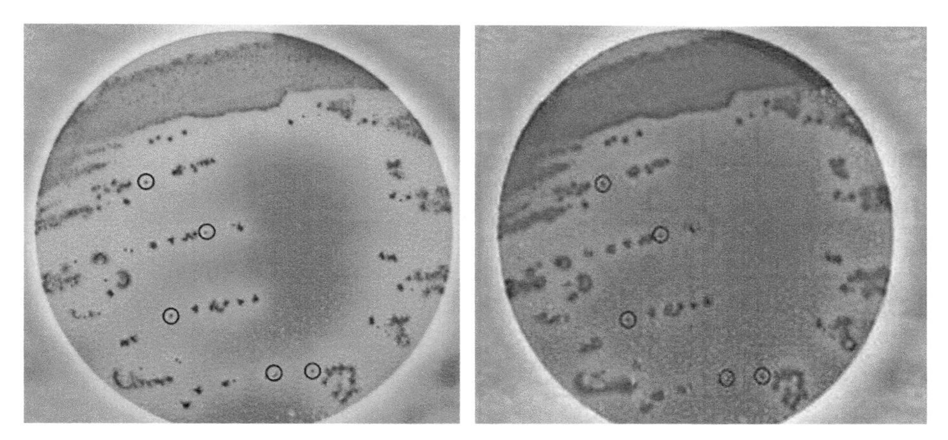

图 2-53　沙门氏菌在 3M 测试片上的菌落特征

第七节　单核细胞增生李斯特氏菌

单核细胞增生李斯特氏菌（*Listeria monocytogenes*）属于李斯特氏菌属，为革兰氏阳性短小杆菌，大小为（0.4～0.5）μm×（1.0～2.0）μm，直或稍弯，两端钝圆，常呈“V”字形或成双排列，偶尔可见双球状。该菌为兼性厌氧菌，不产生芽孢，一般不形成荚膜，对营养要求不高，在普通培养基上能生长，但在含血液、血清的培养基上生长更好。最适培养温度为 30～37℃。在 20～25℃培养有动力，穿刺培养 2～5 天可见倒立伞状生长，肉汤培养物在显微镜下可见翻跟斗运动。单核细胞增生李斯特氏菌是一种人畜共患病的病原菌，也是最重要的人类食源性病原菌，能引起人畜的李斯特氏菌病。该菌广泛分布于自然界中，如土壤、人体和动物的粪便中，很容易污染食品，引起人的食物中毒。该菌在 4℃的环境中仍可生长繁殖，是冷藏食品威胁人类健康的主要病原菌之一，因此也有嗜冷菌一称。在冷藏食品微生物检验中，必须加以重视。

根据 SN 和 ISO 标准，在 Fraser 肉汤中，高浓度的氯化钠主要用来抑制肠球菌的生长，磷酸盐作为缓冲剂，氯化锂、盐酸吖啶黄素、萘啶酮酸主要抑制非李斯特氏菌的生长。35 ~ 37℃培养 18 ~ 24h，单核细胞增生李斯特氏菌可分解 Fraser 肉汤中的七叶苷生成 6,7- 二羟基香豆素，该物质与柠檬酸铁铵中的铁离子作用生成一种黑色物质，从而使得培养基颜色变黑（图 2-54）。

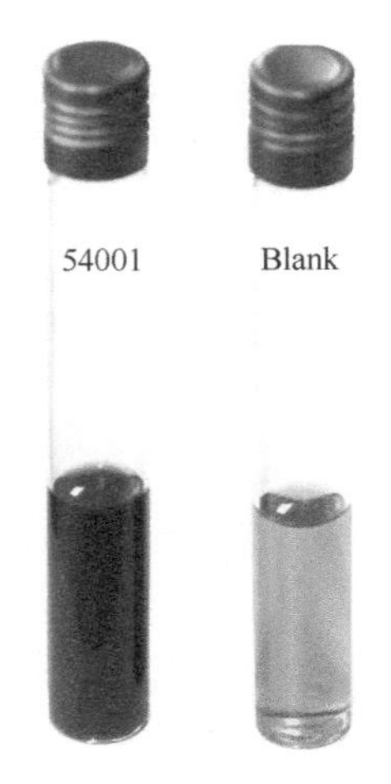

图 2-54　单核细胞增生李斯特氏菌在 Fraser 肉汤中的颜色变化

54001. 单核细胞增生李斯特氏菌；Blank. 空白管

根据 GB、SN、ISO 标准和 FDA BAM 方法，在含 0.6% 酵母浸膏的胰蛋白胨大豆（trypticase soy-yeast extract，TSA-YE）琼脂上，用 45° 入射光照射菌落，通过解剖镜垂直观察，单核细胞增生李斯特氏菌菌落呈蓝色、灰色或蓝灰色（图 2-55）。

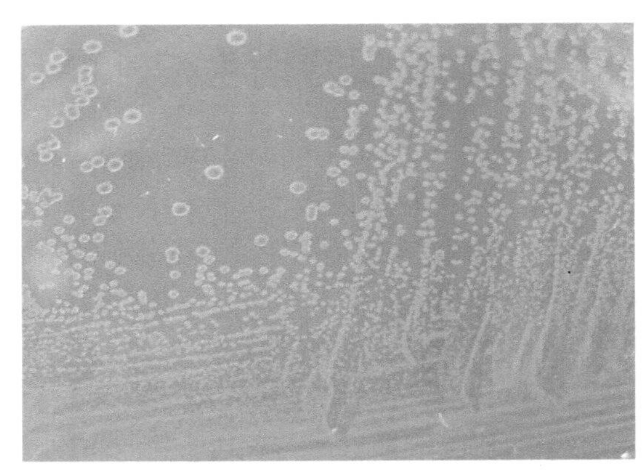

图 2-55　单核细胞增生李斯特氏菌在 TSA-YE 琼脂上的菌落特征（45° 入射光照射）

在改良的 Mc Bride 琼脂（MMA）上，30℃培养 48h，单核细胞增生李斯特氏菌形成圆形、小的、灰白色的菌落，白炽灯 45° 入射光照射呈灰蓝或蓝色（图 2-56）。

图 2-56　单核细胞增生李斯特氏菌在 MMA 上的菌落特征

根据 ISO 标准和 FDA BAM 方法，在 PALCAM 琼脂上，单核细胞增生李斯特氏菌 35℃培养 24～48h，形成灰绿色菌落，其外围有一黑色环（图 2-57）。

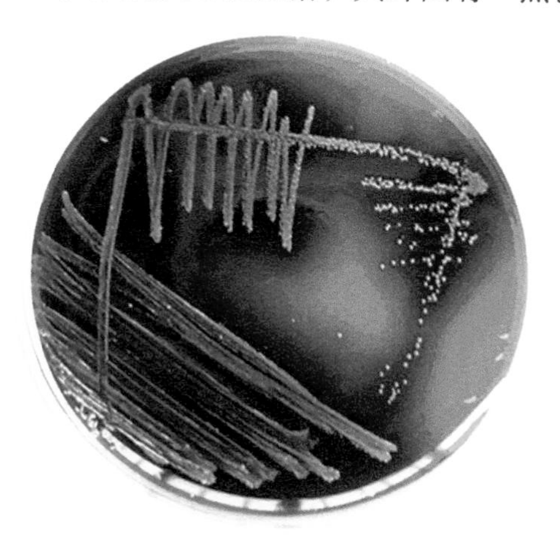

图 2-57　单核细胞增生李斯特氏菌在 PALCAM 琼脂上的菌落特征

根据 GB、SN、ISO 标准和 FDA BAM 方法，在牛津琼脂（Oxford agar，OXA）上，单核细胞增生李斯特氏菌在 35℃培养 24～48h，形成灰绿色菌落，其外围有一黑色环（图 2-58）。

图 2-58 单核细胞增生李斯特氏菌在 OXA 上的菌落特征

在陆桥李斯特氏菌显色培养基上，单核细胞增生李斯特氏菌 37℃培养 24～28h，平板上出现绿色菌落，菌落周围有一不透明环（图 2-59）。英诺克李斯特氏菌（*Listeria innocua*）37℃培养 48h，平板上出现绿色菌落，菌落周围没有不透明环。

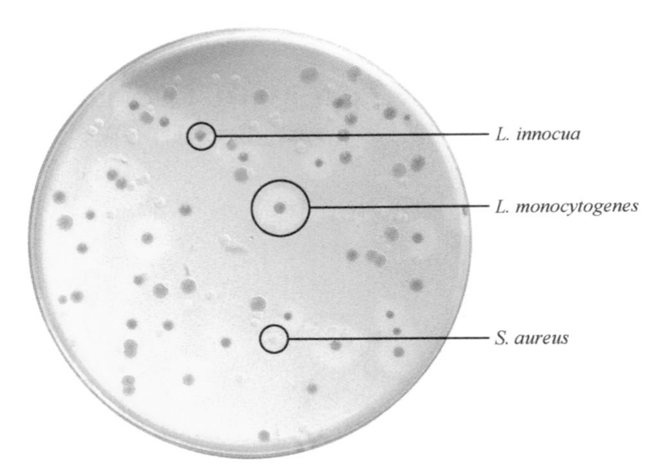

图 2-59 单核细胞增生李斯特氏菌在陆桥显色培养基上的菌落特征

L. monocytogenes 为单核细胞增生李斯特氏菌；*L. innocua* 为英诺克李斯特氏菌；*S. aureus* 为金黄色葡萄球菌

在科玛嘉李斯特氏菌显色培养基平板上，单核细胞增生李斯特氏菌 37℃培养 24～48h，平板出现蓝色菌落，菌落周围有一不透明环（图 2-60）。

血琼脂平板中的血液含有丰富且比例均衡的营养成分，能促进营养苛求细菌的生长。此外，血琼脂平板上的溶血有助于一些细菌的初步鉴定，α- 溶血使菌落周围的血液部分溶解，其结果使菌落周围有一个草绿色的环。β- 溶血菌落周围的完全溶血圈是红细胞完全被溶解所致。金黄色葡萄球菌、链球菌属细菌和单核细胞增生李斯特氏菌都有溶血现象。在血琼脂平板上，单核细胞增生李斯特氏菌形成灰白色菌落，产生 β- 溶血现象（图 2-61）。

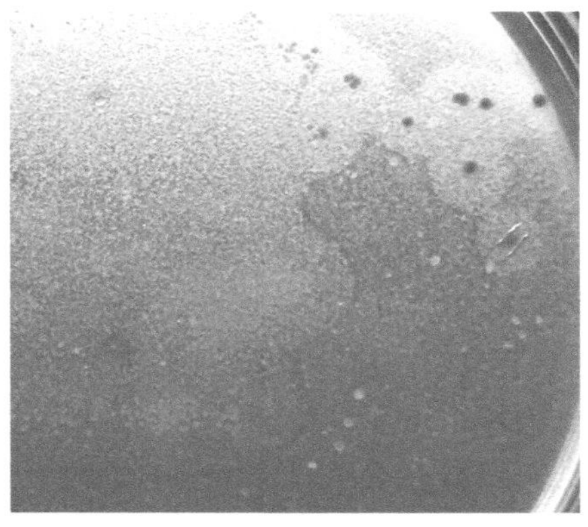

图 2-60　单核细胞增生李斯特氏菌在科玛嘉显色培养基上的菌落特征

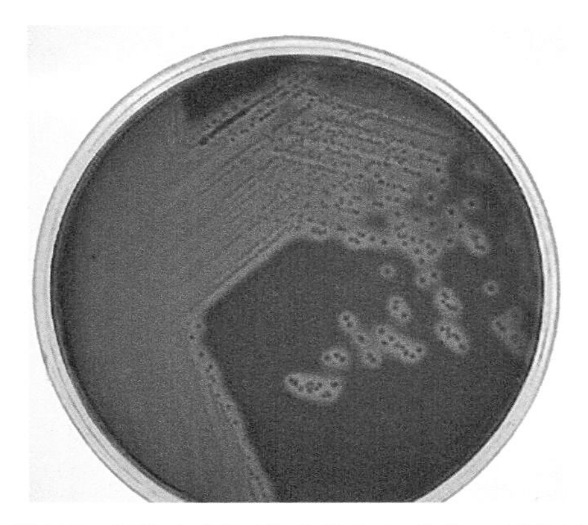

图 2-61　单核细胞增生李斯特氏菌在血琼脂平板上的菌落特征

3M环境李斯特氏菌属测试片适用于检测环境样品中的李斯特氏菌，(36 ± 1)℃培养(28 ± 2)h，紫红色菌落。可做定性、半定量和定量判读，无须增菌，仅需1 ~ 1.5h修复损伤的李斯特氏菌，便于室内操作（图2-62）。

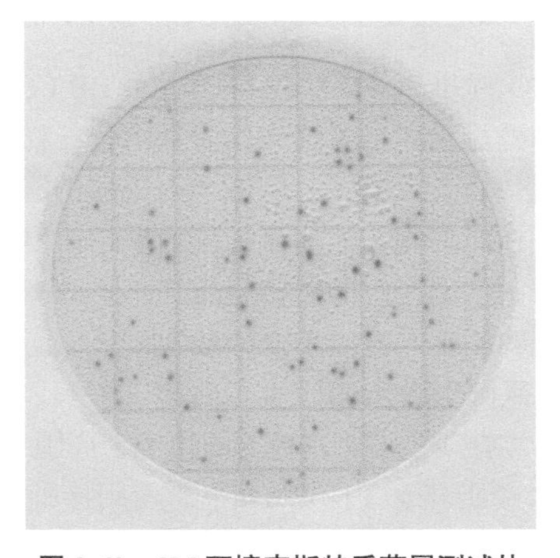

图 2-62　3M 环境李斯特氏菌属测试片

第八节　金黄色葡萄球菌

金黄色葡萄球菌（*Staphylococcus aureus*）属于葡萄球菌属。典型的金黄色葡萄球菌为球形，直径0.8μm左右，显微镜下排列成葡萄串状。金黄色葡萄球菌无芽孢、鞭毛，大多数无荚膜，革兰氏染色呈阳性。金黄色葡萄球菌营养要求不高，在普通培养基上生长良好，需氧或兼性厌氧，最适生长温度37℃，最适生长pH 7.4。金黄色葡萄球菌有高度的耐盐性，可在10%～15%氯化钠肉汤中生长。金黄色葡萄球菌在自然界中无处不在，空气、水、灰尘及人和动物的排泄物中都可找到。因而，食品受其污染的机会很多。金黄色葡萄球菌是人类化脓感染中最常见的病原菌，可引起局部化脓感染，也可引起肺炎、伪膜性肠炎、心包炎等，甚至败血症、脓毒症等全身感染。

根据GB、SN标准和FDA BAM方法，金黄色葡萄球菌在胰酪胨大豆肉汤（TSB）或10%氯化钠胰酪胨大豆肉汤中培养24～48h后呈浑浊生长（图2-63）。

图2-63　金黄色葡萄球菌在TSB的生长情况

根据GB、SN、ISO标准和FDA BAM方法，BP（Baird-Parker）琼脂中的胰蛋白胨、牛肉浸粉和酵母粉在培养基中作为基础营养物质，为细菌生长提供碳源、氮源和B族维生素等营养元素，甘氨酸和丙酮酸钠能促进葡萄球菌的生长。氯化锂和亚碲酸钾的存在能抑制其他非目标菌的生长，但不影响金黄色葡萄球菌的生长。金黄色葡萄球菌代谢产生的卵磷脂酶和脂肪酶，能分解卵黄使得菌落周围形成浑浊沉淀环和透明圈，同时由于亚碲酸钾被还原而使菌落呈黑色。金黄色葡萄球菌在BP琼脂上呈圆形，表面光滑、凸起、湿润，直径2～3mm。菌落灰黑色至黑色，有光泽，常有浅色（非白色）的边缘，周围绕以不透明圈（沉淀），其外常有一清晰带（卵磷脂环）（图2-64a）。当用接种针触及菌落时具有黄油样黏稠感。有时可见到不分解脂肪的菌株，除没有不透明圈和清晰带外，其他外观基本相同。从长期贮存的冷冻或脱水食品中分离的菌落，其黑色常较典型菌落浅些，且外观可能较粗糙，质地较干燥。其他葡萄球菌虽然也显示灰黑色至黑色菌落，但是没有不透明圈（沉淀）和清晰带（卵磷脂环）出现（图 2-64b）。

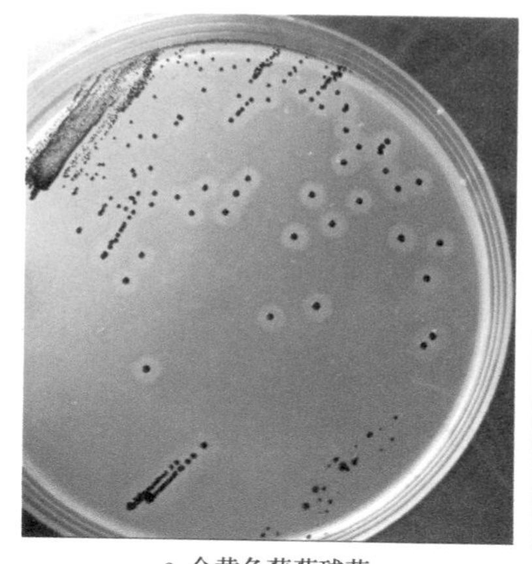

a. 金黄色葡萄球菌

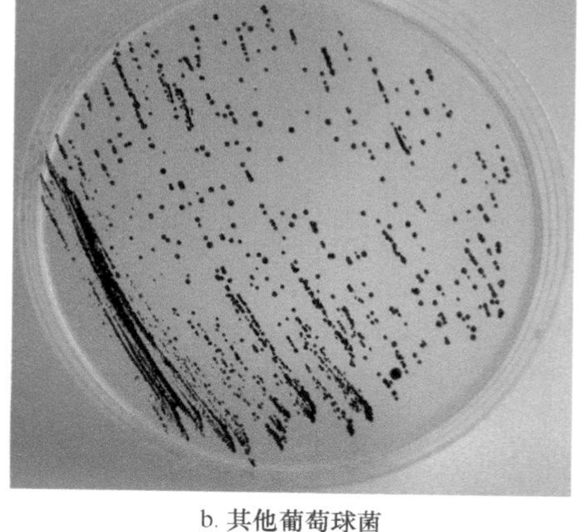

b. 其他葡萄球菌

图 2-64　葡萄球菌在 BP 琼脂上的菌落特征

在血琼脂平板培养基上，金黄色葡萄球菌菌落厚、有光泽、圆形、凸起，直径 1 ~ 2mm，周围形成透明的 β- 溶血环（图 2-65）。

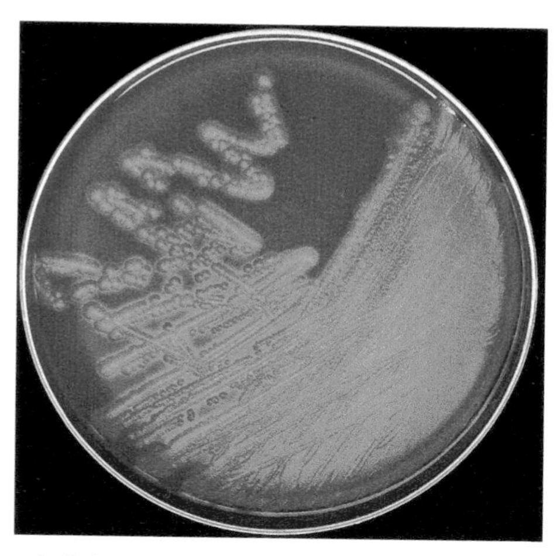

图 2-65　金黄色葡萄球菌在血琼脂平板培养基上的菌落特征

甘露醇高盐琼脂中的氯化钠能够抑制不耐盐的非葡萄球菌属细菌的生长，D- 甘露醇作为可发酵的碳源，酚红作为酸碱指示剂。凝固酶阳性的葡萄球菌（具有致病性的葡萄球菌如金黄色葡萄球菌）能利用 D- 甘露醇产酸使酚红由红色变成黄色（图 2-66a）。在卵黄甘露醇高盐琼脂中，金黄色葡萄球菌的生长能产生卵磷脂酶，从而水解卵磷脂生成甘油磷酸二酯和磷酸胆碱，卵黄被分解后产生的游离脂肪与卵磷脂蛋白反应产生沉淀（图 2-66b）。

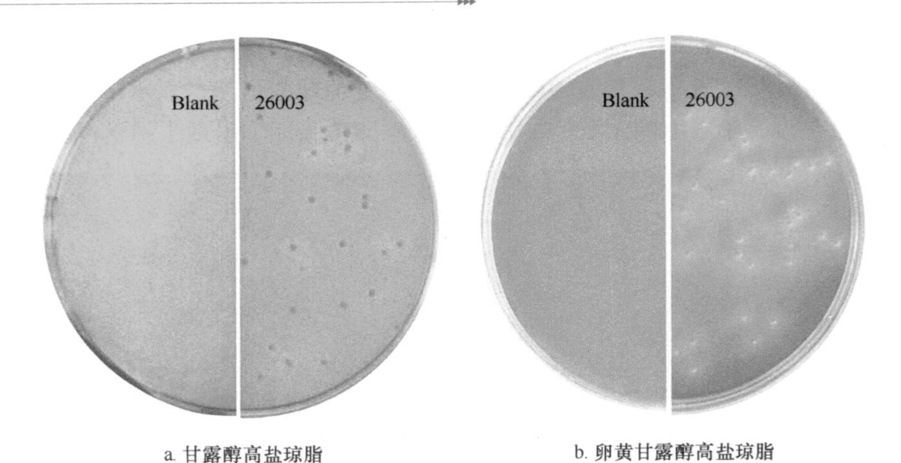

a. 甘露醇高盐琼脂　　b. 卵黄甘露醇高盐琼脂

图 2-66　金黄色葡萄球菌在两种琼脂上的菌落特征

Blank. 空白培养基；26003. 金黄色葡萄球菌

DNA 酶（DNase）是细菌产生的一种胞外酶，它能特异性地分解 DNA 生成小核苷酸片段甚至单核苷酸。由于解聚后的 DNA 的理化性质不同于 DNA 大片段（黏度降低，A_{260nm} 吸光度增加等），因而可以利用该特性进行细菌产 DNA 酶能力的检测。仅有少数细菌产生胞外 DNA 酶，如金黄色葡萄球菌、A 群链球菌、铜绿假单胞菌，以及芽孢杆菌属、弧菌属细菌等。在甲苯胺蓝 -DNA 酶琼脂上，金黄色葡萄球菌水解 DNA 后，甲苯胺蓝 O 与水解产生的寡核苷酸或单核苷酸结合形成粉红色物质（图 2-67）。因此，刺破接种线周围形成粉红色的晕圈，其他细菌培养基颜色无变化。

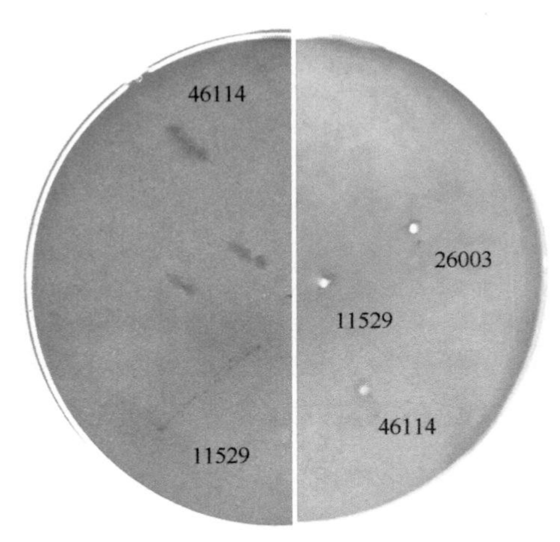

图 2-67　金黄色葡萄球菌在甲苯胺蓝 -DNA 酶琼脂上的菌落特征

11529 和 26003. 金黄色葡萄球菌；46114. 肺炎克雷伯氏菌

在科玛嘉金黄色葡萄球菌显色培养基上，典型的金黄色葡萄球菌呈红色菌落（图 2-68）。

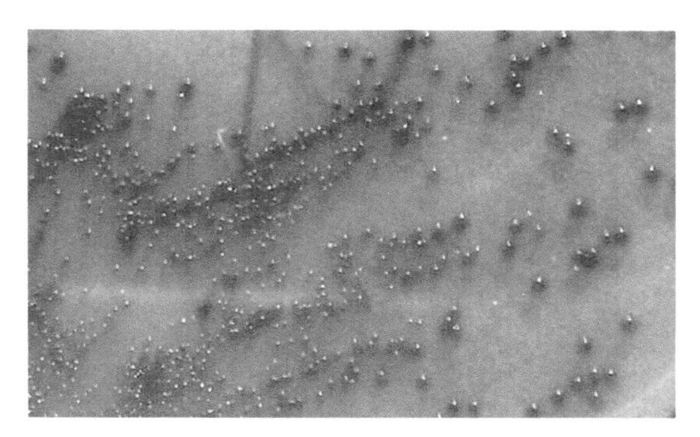

图 2-68　金黄色葡萄球菌在科玛嘉显色培养基上的菌落特征

在陆桥金黄色葡萄球菌显色培养基上，典型的金黄色葡萄球菌呈红色菌落（图 2-69）。

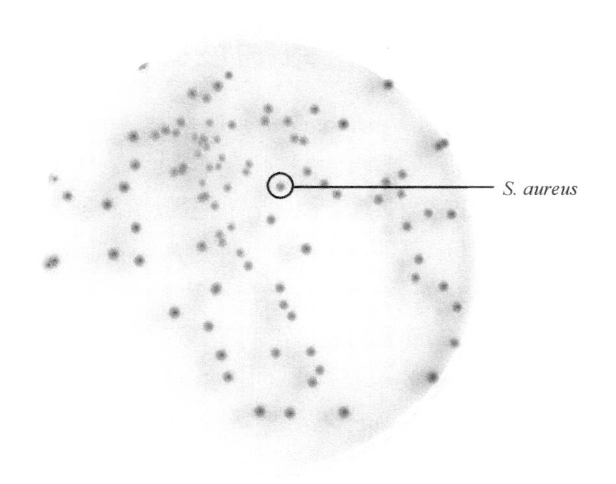

图 2-69　金黄色葡萄球菌在陆桥显色培养基上的菌落特征

3M 金黄色葡萄球菌快速测试片含改良 BP 培养基，与 3 个 BP 平板加 1 个凝固酶试管的方法等效。（36 ± 1）℃培养（24 ± 2）h 即可获得确认结果，圆形、规则的紫红色菌落确认为金黄色葡萄球菌，计数范围为 15 ~ 150cfu/g。出现紫红色以外颜色的菌落时需用确认反应片确认，加入确认反应片后，在相同温度下培养 1 ~ 3h，有粉红色晕环的菌落确认为金黄色葡萄球菌（图 2-70）。

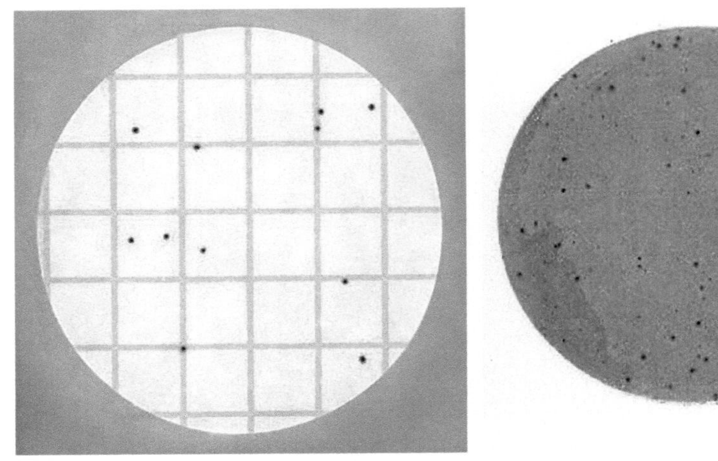
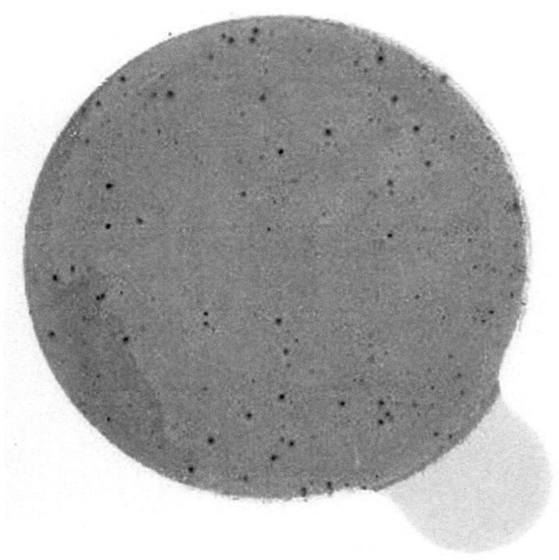

图 2-70　金黄色葡萄球菌在 3M 金黄色葡萄球菌快速测试片上的菌落特征

左图为（36 ± 1）℃培养（24 ± 2）h 后出现的圆形、规则的紫红色菌落；右图为 3M 金黄色葡萄球菌确认反应片

第九节　致病性弧菌

致病性弧菌属于弧菌科（Vibrionaceae）弧菌属（*Vibrio*）。弧菌属包括革兰氏阴性、氧化酶阳性（梅氏弧菌除外）、杆状或弯曲杆状的兼性厌氧细菌（图 2-71）。弧菌属共有 37 个种（变种），很多弧菌种被发现对人类有致病作用或与食源性疾病有关。其中已明确有 12 个种对人类有致病作用，这 12 种弧菌分别是副溶血性弧菌（*V. parahaemolyticus*）、霍乱弧菌（*V. cholerae*）、拟态弧菌（*V. mimicus*）、河流弧菌（*V. fluvialis*）、霍利斯弧菌（*V. hollisae*）、溶藻弧菌（*V. alginolyticus*）、弗尼斯弧菌（*V. furnissii*）、创伤弧菌（*V. vulnificus*）、梅氏弧菌（*V. metschnikovii*）、美人鱼弧菌（*V. damsela*）、辛辛那提弧菌（*V. cincinnatiensis*）、

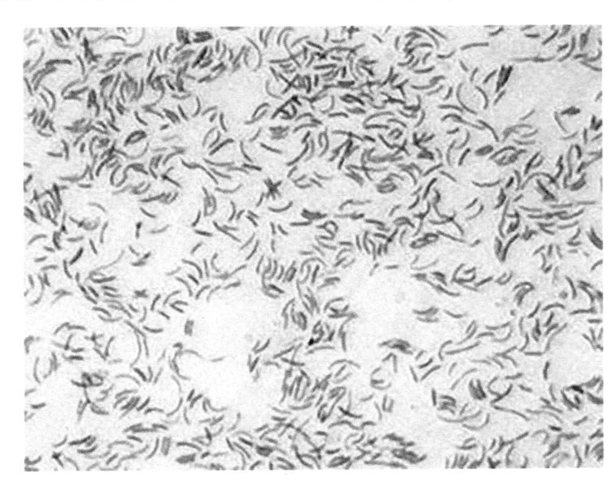

图 2-71　弧菌的形态

鲨鱼弧菌（*V. carchariae*）。弧菌属除了霍乱弧菌和拟态弧菌均为海水细菌，即有嗜盐性，不能在没有氯化钠的培养基上生长，但氯化钠的存在能促进霍乱弧菌和拟态弧菌的生长。

一、副溶血性弧菌

副溶血性弧菌（*V. parahaemolyticus*）广泛分布于世界各地的海湾和海岸环境中，已经从多种鱼、贝类和甲鱼中分离到。该菌主要引起食物中毒，尤在日本、东南亚国家、美国多见，也是我国沿海地区食物中毒中最常见的一种病原菌。在日本首次被描述为胃肠炎病因，在美国由 Baross 和 Liston 首次在皮吉特湾（Puget Sound）的水中发现。副溶血性弧菌已经多次在美国由水产品引起的胃肠炎暴发中被分离到。蟹、牡蛎、虾、龙虾等多次被牵连进疾病暴发，主要是食用了生的或加热不够充分的水产品，或者充分加热后又被污染的水产品所致。根据菌体抗原（O 抗原）不同，现已有 13 个血清群。该菌与霍乱弧菌的一个显著差别是嗜盐性（halophilic），培养基中以含 3.5%氯化钠最为适宜，无盐则不能生长，但当氯化钠浓度高于 8%时也不能生长。最适 pH 7.7 ~ 8.0。绝大部分菌株在含高盐甘露醇的兔血和人 O 型血的琼脂平板上产生 β- 溶血（神奈川现象）。

根据 GB、SN 标准，副溶血性弧菌在氯化钠三糖铁琼脂中分解葡萄糖，但不分解乳糖和蔗糖，上层产碱显红色，下层产酸显黄色，不产气，不产硫化氢，底部不变黑（图 2-72）。

图 2-72　副溶血性弧菌在氯化钠三糖铁琼脂上的颜色特征

副溶血性弧菌尿素酶为阴性，在尿素琼脂上显黄色（图 2-73）。

图 2-73　副溶血性弧菌在尿素琼脂上的颜色特征

氯化钠琼脂中高浓度的氯化钠能满足弧菌嗜盐生长的要求，同时其形成的高渗透压，使其他一些细菌很难生长。该培养基中的蔗糖作为可发酵的碳源，溴麝香草酚蓝作为酸碱指示剂。细菌如能利用蔗糖产酸，则培养基颜色变黄。副溶血性弧菌不能分解蔗糖，37℃培养 18 ~ 24h，形成圆形、半透明、绿色至蓝色菌落，直径 2 ~ 4mm（图 2-74）。

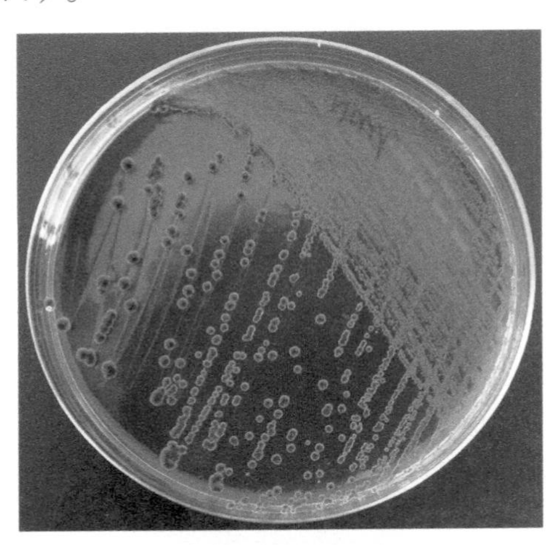

图 2-74　副溶血性弧菌在氯化钠琼脂上的菌落特征

根据 GB、SN 标准和 FDA BAM 方法，副溶血性弧菌不能分解蔗糖，在硫代硫酸盐 - 枸橼酸盐 - 胆盐 - 蔗糖(thiosulfate-citrate-bilesalt-sucrose，TCBS)培养基上，35 ~ 37℃培养 18 ~ 24h，菌落呈圆形，蓝绿色，边缘整齐、湿润、稍混浊、半透明，多数具尖心、斗笠状，直径 2 ~ 4mm（图 2-75）。

图 2-75 副溶血性弧菌在 TCBS 培养基上的菌落特征

根据 GB 标准，在科玛嘉弧菌显色培养基上，35 ~ 37℃培养 18 ~ 24h，副溶血性弧菌菌落呈紫红色，直径 2 ~ 4mm（图 2-76）。

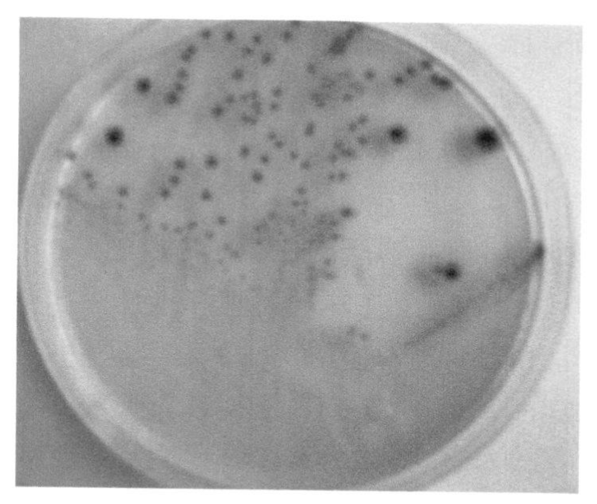

图 2-76 副溶血性弧菌在科玛嘉显色培养基上的菌落特征

二、霍乱弧菌

霍乱弧菌（*V. cholerae*）于 1854 年被 Pacini 首次描述为霍乱病因。“霍乱”一词，据我国《黄帝内经》记载：“乱于胃肠则为霍乱”，因其剧烈吐泻、挥霍水分及缭乱心身，故名“霍乱”。cholera 出自希腊语，原为胆汁性腹泻之意。现代所称的霍乱是由霍乱弧菌引起的急性胃肠炎，发病急，吐泻烈，病情剧，死亡快，特点是吐泻物呈米汤样，呕吐常呈喷射状。患者大量脱水、失盐，会发生虚脱、尿闭、酸中毒、肌肉痛性痉挛、肾功能及血循环衰竭，可致死。

霍乱弧菌菌体大小为（0.5 ~ 0.8）μm×（1.5 ~ 3）μm。从患者新分离出的细菌形态典型，呈弧形或逗点状。革兰染色阴性。特殊结构有菌毛，无芽孢，有些菌株（包括 O139）有荚膜，在菌体一端有一根单鞭毛。霍乱弧菌兼性厌氧，营养要求不高。生长繁殖的温度范围广（18～37℃），故可在外环境中生存。耐碱不耐酸。霍乱弧菌为过氧化氢酶阳性、氧化酶阳性。霍乱弧菌有耐热的菌体抗原（O抗原）和不耐热的鞭毛抗原（H抗原）。根据O抗原不同现已有155个血清群，其中O1群、O139群引起霍乱。H抗原无特异性。O1群霍乱弧菌根据其菌体抗原由3种抗原因子A、B、C组成，又可分为3个血清型：小川型、稻叶型和彦岛型。根据表型差异，O1群霍乱弧菌的每一个血清型还可分为2个生物型，即古典生物型（classical biotype）和埃尔托生物型（El Tor biotype，因在埃及西奈半岛埃尔托检疫站首次分离出而命名）。埃尔托生物型和其他非O1群霍乱弧菌在外环境中的生存力较古典生物型强，在河水、井水及海水中可存活1～3周，有时还可越冬。O139群在抗原性方面与O1群之间无交叉。该菌不耐酸，在正常胃酸中仅能存活4min。55℃湿热15min，100℃煮沸1～2min，0.5μg/ml氯15min能杀死霍乱弧菌。以体积比1∶4加漂白粉处理患者排泄物或呕吐物，经1h可达到消毒目的。霍乱肠毒素是目前已知的致泻毒素中最为强烈的毒素，是肠毒素的典型代表。由一个A亚单位和5个相同的B亚单位构成。B亚单位可与小肠黏膜上皮细胞GM1神经节苷脂受体结合，介导A亚单位进入细胞，A亚单位可使细胞内cAMP水平升高，主动分泌Na^+、K^+、HCO_3^-和水，导致严重的腹泻与呕吐。霍乱弧菌活泼的鞭毛运动有助于细菌穿过肠黏膜表面黏液层而接近肠壁上皮细胞。其他毒力因子还有*hlyA*基因编码的具有溶血-溶细胞能力的蛋白和*hap*基因编码的有助于细菌从死亡细胞上解离的血凝素/蛋白酶。O139群除具有上述O1群的致病物质和相关基因外，还存在多糖荚膜和特殊脂多糖（lipopolysaccharide，LPS）毒性决定簇，其功能是抵抗血清中的杀菌物质并能黏附到小肠黏膜上，不表达LPS决定簇和荚膜的*TnphoA*突变株则对血清敏感。

根据GB、SN标准和NMKL、FDA BAM方法，霍乱弧菌能分解蔗糖，在TCBS培养基上呈黄色、圆形、扁平的菌落，菌落边缘整齐，直径2～4mm（图2-77）。

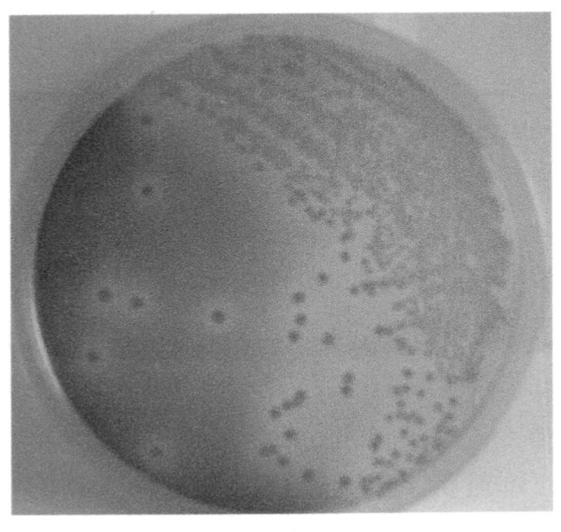

图2-77 霍乱弧菌在TCBS培养基上的菌落特征

霍乱弧菌在 mCPC（modified cellobiose-polymyxin B-colistin）培养基上，35～37℃培养 18～24h，生成圆形、绿色或紫色菌落，直径 2～4mm（图 2-78）。

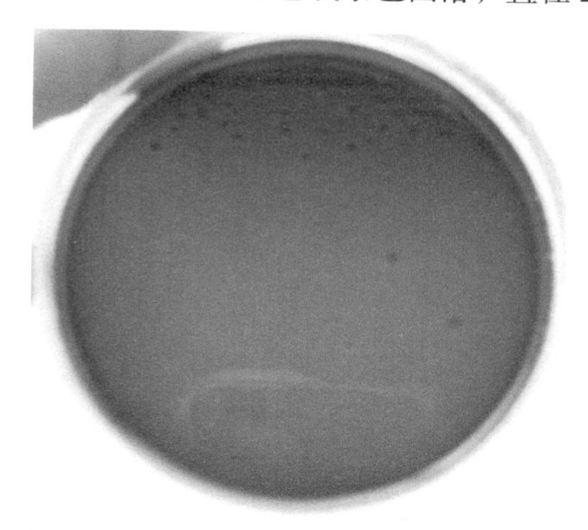

图 2-78 霍乱弧菌在 mCPC 培养基上的菌落特征

霍乱弧菌在科玛嘉弧菌显色培养基上，35～37℃培养 18～24h，生成淡蓝色或蓝绿色菌落，直径 2～4mm（图 2-79）。

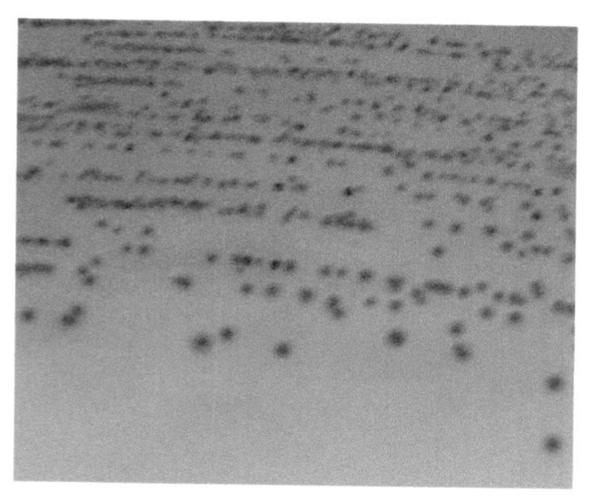

图 2-79 霍乱弧菌在科玛嘉显色培养基上的菌落特征

三、创伤弧菌

创伤弧菌（*V. vulnificus*）是一种嗜盐菌，生长在与副溶血性弧菌相似的生态环境中。该菌起初被描述为“乳糖阳性”菌株，因为大多数菌株发酵乳糖，邻硝基酚 -β-D- 半乳糖苷酸阳性。创伤弧菌能引起食源性疾病和伤口感染，加剧肝病（肝硬化）或基础疾病如糖尿病患者的病情。生牡蛎是创伤弧菌引起食源性疾病的主要传染源。

根据 NMKL 和 FDA BAM 方法，创伤弧菌不能分解蔗糖，在 TCBS 培养基上，35～37℃培养 18～24h，呈圆形、半透明、蓝绿色菌落，边缘整齐、湿润、稍混浊、半透明，直径 2 ~ 4mm（图 2-80）。

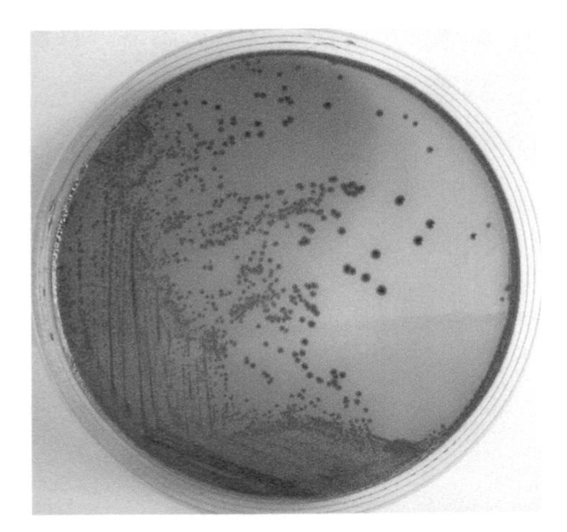

图 2-80　创伤弧菌在 TCBS 培养基上的菌落特征

创伤弧菌在 mCPC 培养基上，35 ~ 37℃培养 18 ~ 24h，呈圆形、黄色菌落，直径约 2mm（图 2-81）。

图 2-81　创伤弧菌在 mCPC 培养基上的菌落特征

创伤弧菌在科玛嘉弧菌显色培养基上，35 ~ 37℃培养 18 ~ 24h，呈淡蓝色或蓝绿色菌落，直径 2 ~ 4mm（图 2-82）。

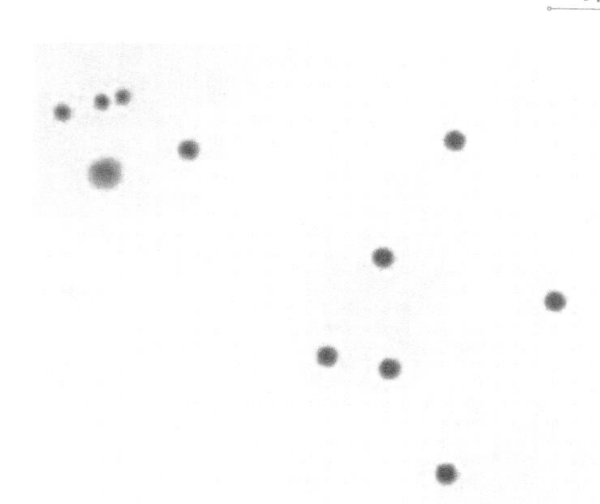

图 2-82 创伤弧菌在科玛嘉显色培养基上的菌落特征

四、溶藻弧菌

溶藻弧菌（*V. alginolyticus*）广泛分布于世界各地海水及河口处，嗜盐，数量居海水类弧菌之首。溶藻弧菌为海洋中正常菌群之一，存在于多种海洋动物中，是鱼、虾、贝等海水养殖动物的条件致病菌，可引起人类的胃肠炎。

根据 NMKL 和 FDA BAM 方法，溶藻弧菌能分解蔗糖，在 TCBS 培养基上，呈黄色、圆形、扁平的菌落，菌落边缘整齐，直径 2 ~ 4mm（图 2-83）。

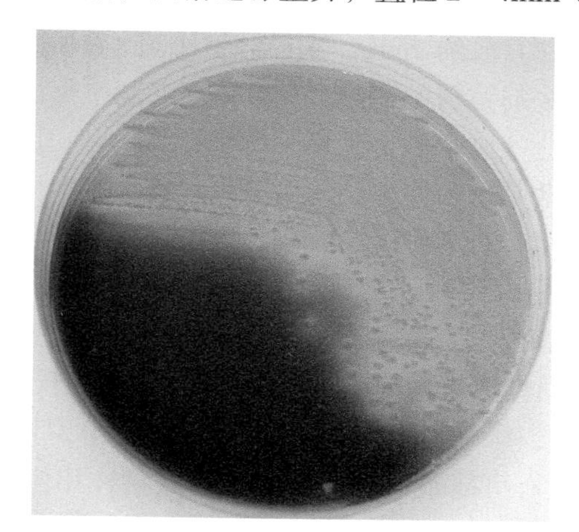

图 2-83 溶藻弧菌在 TCBS 培养基上的菌落特征

溶藻弧菌在科玛嘉弧菌显色培养基上，35 ~ 37℃培养 18 ~ 24h，呈白色菌落，直径 2 ~ 4mm（图 2-84）。

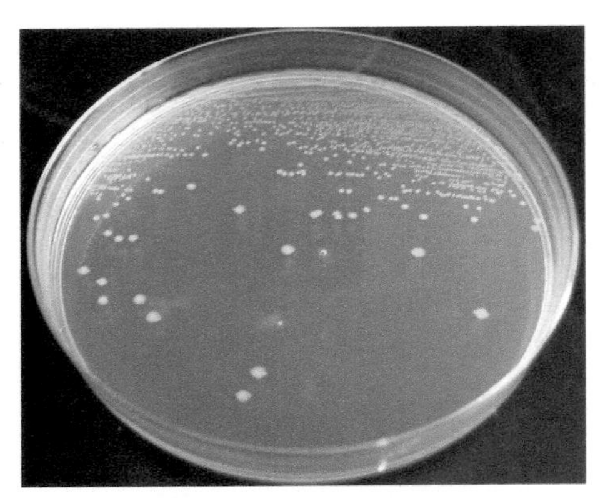

图 2-84 溶藻弧菌在科玛嘉显色培养基上的菌落特征

第十节 志贺氏菌

志贺氏菌属（*Shigella*）属于肠杆菌科，形态与一般肠道杆菌无明显区别，为革兰氏阴性杆菌，长 2 ~ 3μm，宽 0.5 ~ 0.7μm。不形成芽孢，无荚膜，无鞭毛，有菌毛。需氧或兼性厌氧。营养要求不高，能在普通培养基上生长，最适温度为 37℃，最适 pH 为 6.4 ~ 7.8。37℃培养 18 ~ 24h 后菌落呈圆形、无色、半透明，边缘整齐、光滑湿润，直径约 2mm。宋氏志贺氏菌（*S. sonnei*）菌落一般较大，不透明，并常出现扁平的粗糙型菌落。在液体培养基中呈均匀浑浊生长，无菌膜形成。

志贺氏菌属的细菌是细菌性痢疾的病原菌，通称痢疾杆菌。临床上能引起痢疾症状的病原生物很多，有志贺氏菌、沙门氏菌、变形杆菌、大肠埃希氏菌等，还有阿米巴原虫、鞭毛虫及病毒等，其中以志贺氏菌引起的细菌性痢疾最为常见。人和灵长类是志贺氏菌的适宜宿主，营养不良的幼儿、老人及免疫缺陷者更为易感。在幼儿中可引起急性中毒性菌痢，死亡率甚高。志贺氏菌引起的细菌性痢疾，主要通过消化道途径传播。根据宿主的健康状况和年龄，只需少量病菌（最少为 10 个细胞）进入，就有可能致病。志贺氏菌的致病作用主要是侵袭力和菌体内毒素，个别菌株能产生外毒素。

该属细菌都能分解葡萄糖，产酸不产气。大多不发酵乳糖，仅宋氏志贺氏菌迟缓发酵乳糖。志贺氏菌属的细菌对甘露醇分解能力不同，可分为两大组：①不分解甘露醇组，主要为痢疾志贺氏菌；②分解甘露醇组，包括福氏志贺氏菌（*S. flexneri*）、鲍氏志贺氏菌（*S. boydii*）、宋氏志贺氏菌。再按乳糖分解情况，分为迟缓分解乳糖的宋氏志贺氏菌，以及不分解乳糖的福氏和鲍氏志贺氏菌。革兰氏阴性肉汤培养基（gram negative enrichment broth）是志贺氏菌常用的选择性增菌培养基，该增菌液中的柠檬酸钠、脱氧胆酸盐可抑制革兰氏阳性菌、芽孢杆菌及部分大肠菌群的生长，沙门氏菌和部分志贺氏菌能代谢利用甘露醇，因而得以快速增殖。要特别注意志贺氏菌与不产硫化氢的沙门氏菌和变形杆菌的区别，由于都不发酵乳糖或迟缓发酵乳糖，它们在 HE 琼脂、DHL 琼脂、SS 琼脂、XLD 琼脂、麦康凯琼脂、EMB 琼脂上都有相似的菌落特征，大都为无色半透明菌落。

根据 GB、SN、ISO 标准和 FDA BAM 方法，志贺氏菌在三糖铁琼脂上，上层产碱显红色，下层产酸显黄色，不产硫化氢，底部不变黑（图 2-85）。

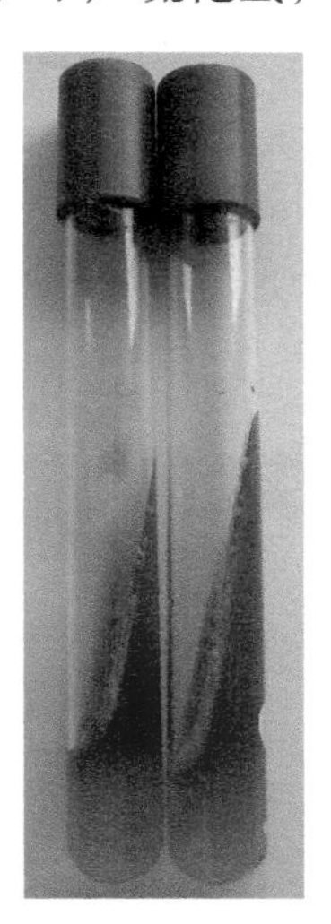

图 2-85　志贺氏菌在三糖铁琼脂斜面上的颜色特征

根据 GB 标准和 FDA BAM 方法，在 HE 琼脂上，35～37℃培养 24h，志贺氏菌因不发酵或迟缓发酵乳糖，形成无色半透明菌落；菌落较小，直径 1～2mm（图 2-86）。

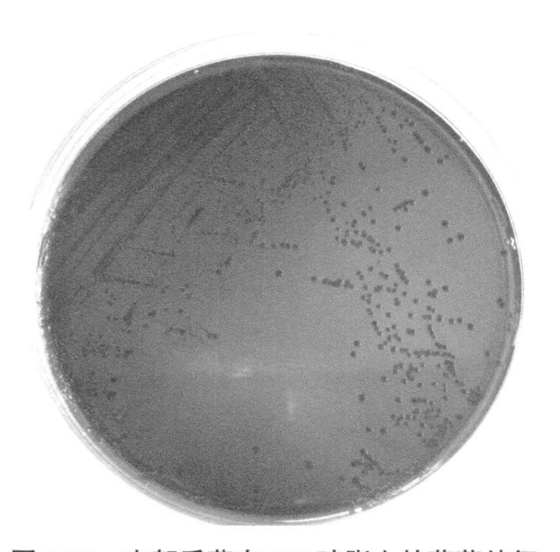

图 2-86　志贺氏菌在 HE 琼脂上的菌落特征

根据 GB 标准，SS 培养基平板颜色为红色，接种志贺氏菌，35 ~ 37℃培养 24h，平板颜色变浅，志贺氏菌因不发酵或迟缓发酵乳糖，形成略带粉色的半透明菌落，直径 1 ~ 2mm（图 2-87）。

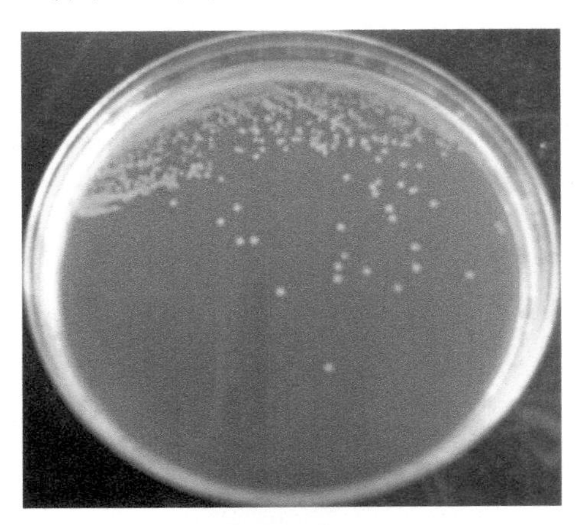

图 2-87 志贺氏菌在 SS 培养基上的菌落特征

在麦康凯琼脂上，35 ~ 37℃培养 24h，志贺氏菌因不发酵或迟缓发酵乳糖，形成灰白色半透明菌落；菌落较小，直径 1 ~ 2mm（图 2-88）。

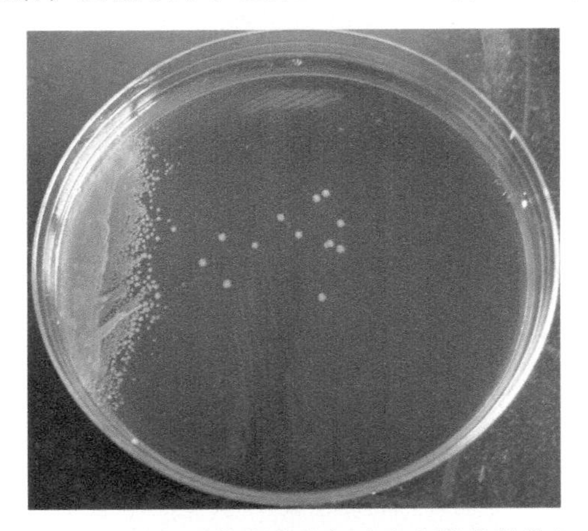

图 2-88 志贺氏菌在麦康凯琼脂上的菌落特征

在 EMB 琼脂上，35 ~ 37℃培养 24h，志贺氏菌因不发酵或迟缓发酵乳糖，形成灰白色半透明菌落；菌落较小，直径 1 ~ 2mm（图 2-89）。

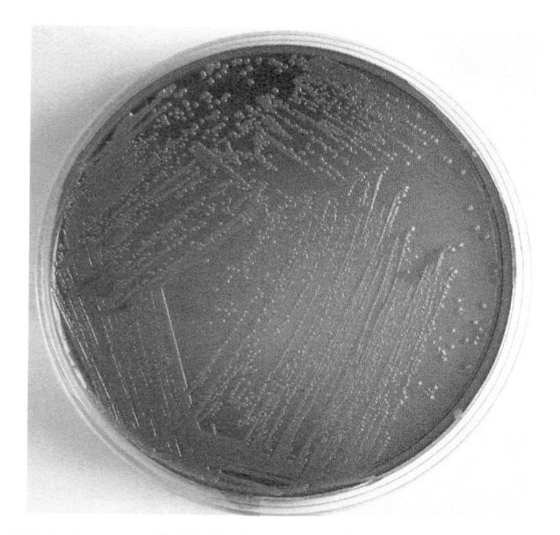

图 2-89　志贺氏菌在 EMB 琼脂上的菌落特征

第十一节　变形杆菌

变形杆菌属（*Proteus*）是革兰氏阴性菌，它们不能使乳糖发酵但能使苯丙氨酸迅速脱氨。该属包括奇异变形杆菌（*P. mirabilis*）、普通变形杆菌（*P. vulgaris*）、黏液变形杆菌（*P. myxofaciens*）等。变形杆菌广泛存在于土壤和水中，而且是人和动物正常粪便中的菌群。变形杆菌为条件致病菌，多为继发性感染，如慢性中耳炎、创伤感染和菌血症等。

奇异变形杆菌可引起大多数人类感染，与其他变形杆菌的区别在于它不能产生吲哚。奇异变形杆菌对氨苄青霉素、羧苄西林、替卡西林、哌拉西林、头孢菌素类和氨基糖苷类比较敏感。其他菌种的耐药性较强，但一般也对羧苄西林、替卡西林、哌拉西林、庆大霉素、妥布霉素和阿米卡星等比较敏感。图 2-90 为奇异变形杆菌在几种不同培养基上的菌落特征。

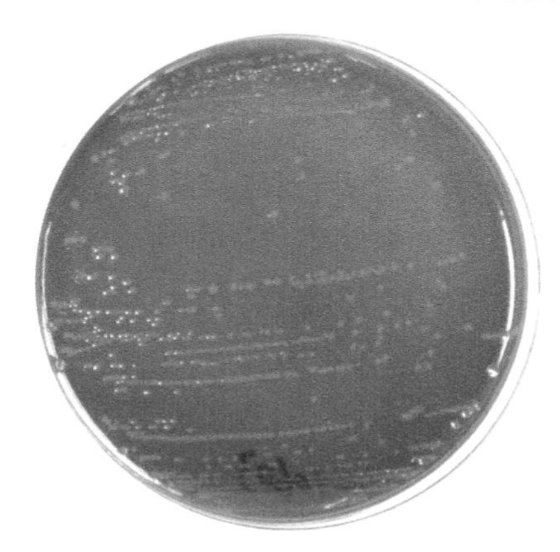

a. EMB琼脂

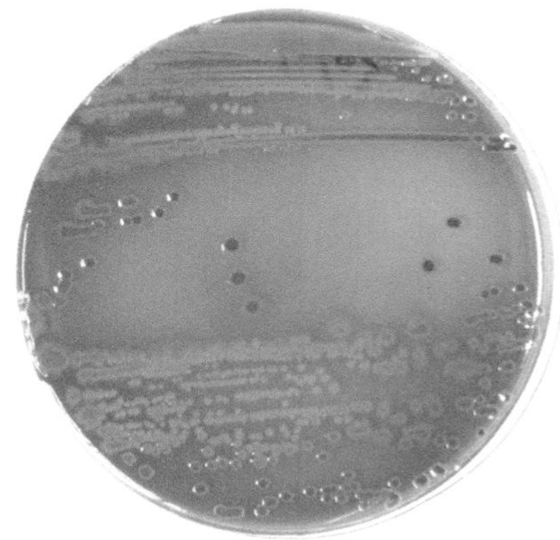

b. HE琼脂

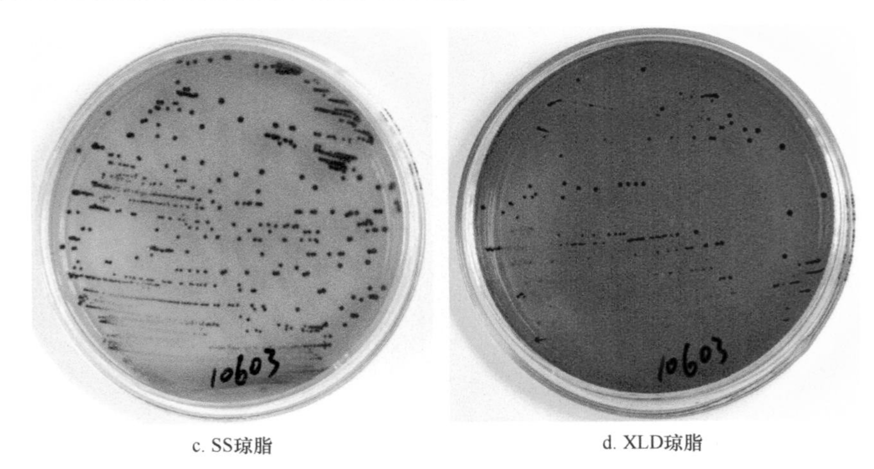

c. SS琼脂　　d. XLD琼脂

图 2-90　奇异变形杆菌在不同培养基上的菌落特征

第十二节　蜡样芽孢杆菌

蜡样芽孢杆菌（*Bacillus cereus*）为革兰氏阳性大杆菌，大小为（1 ~ 1.3）μm ×（3 ~ 5）μm，兼性需氧，形成芽孢，芽孢不凸出菌体，菌体两端较平整，多数呈链状排列，与炭疽杆菌相似。引起食物中毒的菌株多为周鞭毛，有动力。蜡样芽孢杆菌生长温度为 25 ~ 37℃，最佳温度 30 ~ 32℃。蜡样芽孢杆菌耐热，37℃培养 16h 的肉汤培养物的 D_{80} 值（在 80℃时使细菌数减少 90% 所需的时间）为 10 ~ 15min；使肉汤中细菌（2.4×10^7 个细胞 /ml）转为阴性需 100℃ 20min。其游离芽孢能耐受 100℃ 30min，而干热灭菌需 120℃ 60min 才能杀死。蜡样芽孢杆菌在自然界分布广泛，常存在于土壤、灰尘和污水中，植物和许多生熟食品中常见。已从多种食品中分离出该菌，包括肉、乳制品、蔬菜、鱼、酱油、炒米饭以及布丁等各种甜点。蜡样芽孢杆菌引起食物中毒是由于该菌产生肠毒素。

在营养琼脂（NA）上，蜡样芽孢杆菌形成的菌落较大，直径 3 ~ 10mm，灰白色、不透明，表面粗糙，边缘常呈扩展状，似熔蜡状，故名蜡样芽孢杆菌（图 2-91）。

根据 GB 和 SN 标准，甘露醇卵黄多黏菌素（mannitol egg yolk polymyxin，MYP）琼脂中的甘露醇提供碳源，发酵甘露醇的细菌如枯草芽孢杆菌在该培养基上生长产酸使菌落及其周围的培养基变成黄色。培养基中的卵黄提供卵磷脂，产卵磷脂酶的细菌则水解卵磷脂，使其菌落周围形成一个白色的沉淀环。由于蜡样芽孢杆菌不发酵甘露醇但可产生卵磷脂酶，因此菌落呈粉红色，周围有白色的沉淀环（图 2-92）。

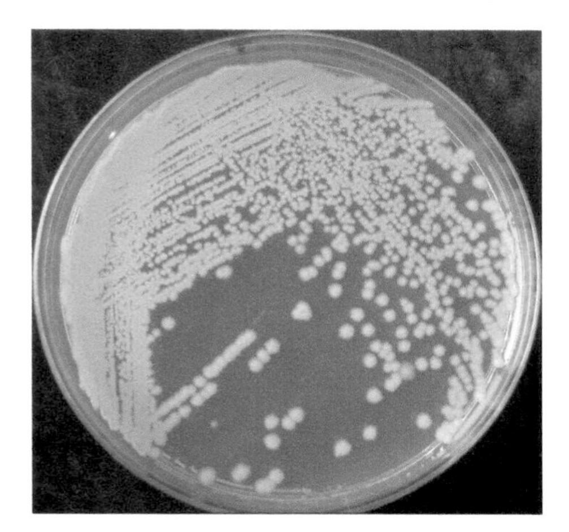

图 2-91　蜡样芽孢杆菌在营养琼脂上的菌落特征

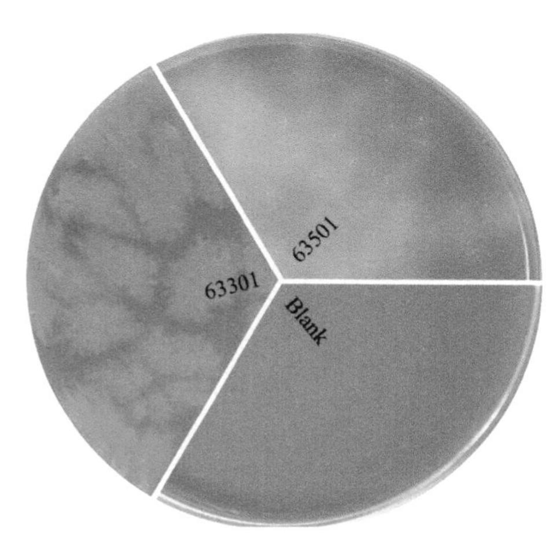

图 2-92　蜡样芽孢杆菌与枯草芽孢杆菌在 MYP 琼脂上的菌落特征比较

Blank. 空白培养基；63301. 蜡样芽孢杆菌；63501. 枯草芽孢杆菌

在 Oxoid 蜡样芽孢杆菌显色培养基上，典型特征为蓝色菌落，外围有白色的晕环（图 2-93）。

在卵黄琼脂上，蜡样芽孢杆菌呈灰白色菌落，不透明，直径 3 ~ 10mm（图 2-94）。

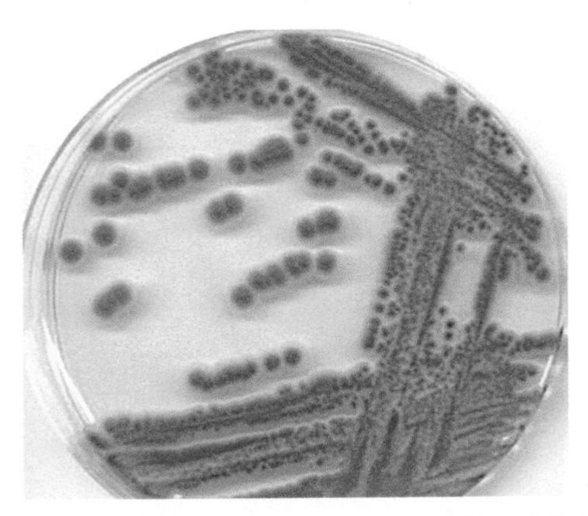

图 2-93　蜡样芽孢杆菌在 Oxoid 显色培养基上的菌落特征

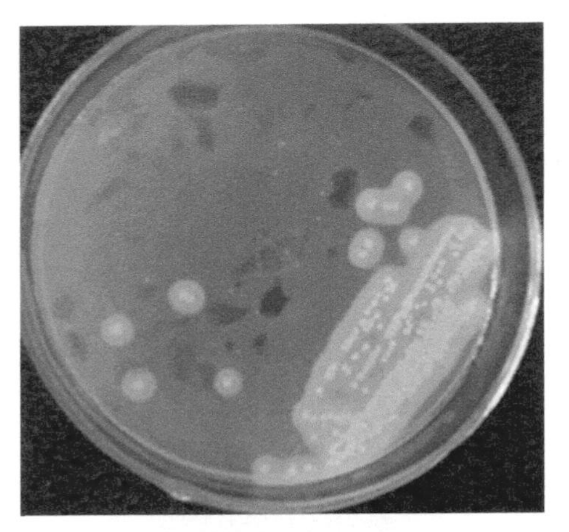

图 2-94　蜡样芽孢杆菌在卵黄琼脂上的菌落特征

第十三节　空肠弯曲菌

空肠弯曲菌（*Campylobacter jejuni*）为螺菌科（Spirillaceae）弯曲菌属的一个种，该属还包括大肠弯曲菌（*C. coli*）、胎儿弯曲菌（*C. fetus*）等其他 12 个种，空肠弯曲菌又有空肠亚种（*C. jejuni* subsp. *jejuni*）和多氏亚种（*C. jejuni* subsp. *doylei*）。1973 年比利时人 Butzer 首先从急性腹泻患者的粪便内分离到空肠弯曲菌，我国于 1981 年成功分离该菌。该菌通常呈“S”形螺旋状，为能运动的革兰氏阴性杆菌，在陈旧的培养基中会变成球菌形态并丧失运动能力。空肠弯曲菌无芽孢、无荚膜，菌体大小为（0.2～0.8）μm×（0.5～5）μm，一端或两端各有 1 根鞭毛，比菌体长 2～3 倍，具有特征性的螺旋运动。最佳微需氧条件是 5% 氧气、10% 二氧化碳和 85% 氮气，多氧或无氧环境中均不生长。培养最适温度为 41.5～43℃，37℃培养 24h 菌落微小，难以鉴别，需培养 3 天。此菌营养要求较特殊，除营养物质外，还需加入适量羊血、马血及选择性抗菌物质，如万古霉素、多黏霉素及硫代乙醇酸钠等。常用的选择性培养基有 Skirrow 培养基、Butzler 培养基、Campy-BAP 培养基，也可用改良的 Campy-BAP 培养基进行分离。

空肠弯曲菌抗原结构复杂，除具有可溶性耐热 O 抗原外，还具有不耐热的 H 和 K 抗原。可根据耐热抗原或不耐热抗原进行血清学分型，用于流行病学调查。空肠弯曲菌对外抵抗力不强，可被干燥、直射阳光及弱消毒剂杀灭。对热敏感，60℃ 20min 即死亡；对青霉素、头孢霉素耐受，对红霉素、四环素、庆大霉素敏感；但对酸性环境稳定。随粪便排出体外，在低温条件下，如 4℃的粪便和牛奶中可生存 3 周，在 4℃的河水中可生存 4 周。因此该菌易造成环境、食物及水源的污染。空肠弯曲菌引起的食品中毒是一种以腹泻为主要症状的疾病。这种致病菌分布很广，可存在于牛、羊、猪、鸡、狗、猫等动物的肠道，污染肉、禽、蛋等食品，引起食物中毒。

在梅里埃 CampyFood ID 琼脂上，41.5℃微需氧环境培养 24h，空肠弯曲菌在浅褐色的培养基表面呈现酒红色到橘红色的菌落（图 2-95）。

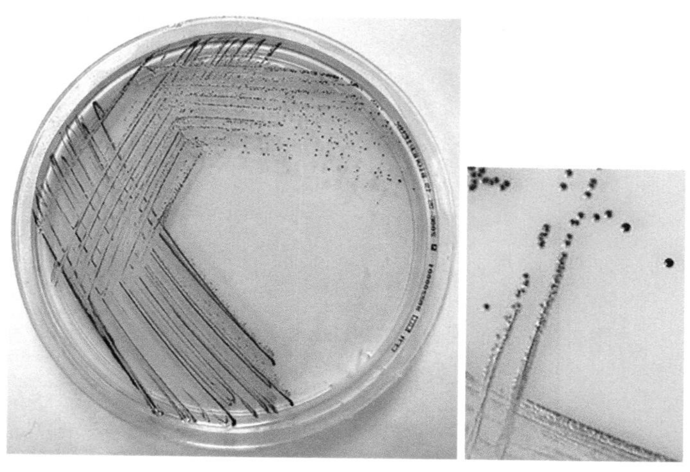

图 2-95 空肠弯曲菌在梅里埃 CampyFood ID 琼脂上的菌落特征

在 Campy-CVA 培养基上，42℃微需氧环境培养 24h，空肠弯曲菌呈现无色、水滴状菌落（图 2-96）。

根据 GB 标准，在 Skirrow 培养基上，42℃微需氧环境培养 48h，空肠弯曲菌为扁平、湿润、淡灰色至褐色菌落（图 2-97）。

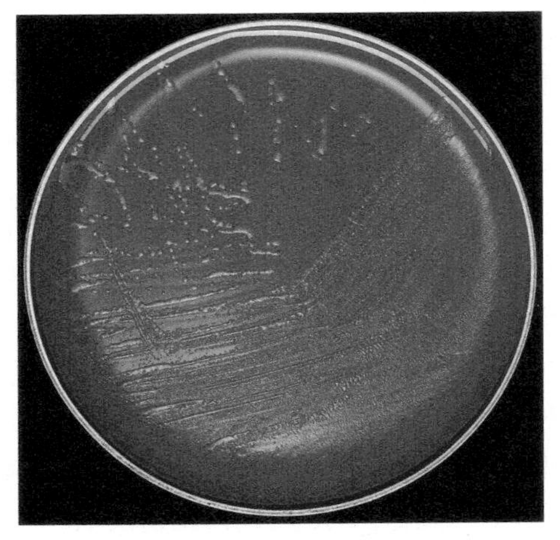

图 2-96　空肠弯曲菌在 Campy-CVA 培养基上的菌落特征

图 2-97　空肠弯曲菌在 Skirrow 培养基上的菌落特征

左为空白培养基，右为空肠弯曲菌菌落

第十四节　产气荚膜梭状芽孢杆菌

产气荚膜梭状芽孢杆菌（*Clostridium perfringens*）属于梭状芽孢杆菌属，该菌体两端钝圆，直杆状（1～2）μm×（2～10）μm，革兰氏阳性，卵圆形芽孢位于菌体中央或近端，不比菌体明显膨大，但有些菌株在一般的培养条件下很难形成芽孢，无鞭毛，在人和动物活体组织内或在含血清的培养基内生长时有可能形成荚膜。该菌虽属厌氧性细菌，但对厌氧程度的要求并不太严。产气荚膜梭状芽孢杆菌是引起食源性胃肠炎最常见的病原之一，可引起典型的食物中毒。由产气荚膜梭状芽孢杆菌引起的疾病为产气荚膜梭状芽孢杆菌中毒。患者临床特征是剧烈腹绞痛和腹泻。摄食被该菌污染的食品后 8 ~ 22h 开始发病。在食品中该菌数量必须达到很高时（1.0×10^7 个或更多），才能在肠道中生产毒素，产气荚膜梭状芽孢杆菌广泛分布于环境中，经常在人和许多家养及野生动物的肠道中被发现。该细菌引起食物中毒的食品大多是畜禽肉类和鱼类食物，牛奶也可因污染而引起中毒，原因是食品加热不彻底，芽孢在食品中大量繁殖。此外不少熟食品，由于加温不够或后期污染，细菌繁殖体大量繁殖形成芽孢并产生肠毒素，但食品并不一定在色味上发生明显的变化，人们误食了这样的熟肉或汤菜，就有可能发病。产气荚膜梭状芽孢杆菌易于形成芽孢，芽孢的热抵抗力很强，由患者粪便中分离的芽孢能耐受 100℃ 1 ~ 5h 的加热。除了具有形成芽孢及耐热等特点之外，生化性状、毒素及酶的特异性等，与其他产气荚膜梭状芽孢杆菌是一致的。当产品达到合适温度时，如在蒸煮过程中那些未被杀死的芽孢可能会萌发，因此蒸煮后需要经过快速的冷却。事实上在所有产气荚膜梭状芽孢杆菌中毒暴发的病例中，主要原因是事先煮好的食品没有经过恰当的冷却，特别是当做好的食品量很大时，快速冷却食品也是必要的控制措施。

根据 SN 标准，产气荚膜梭状芽孢杆菌在不含卵黄的 TSC 琼脂上，37℃培养 24h，生成黑色菌落。在含卵黄的 TSC 琼脂上，37℃培养 24h，为黑色菌落且通常有 2 ~ 4mm 的白色沉淀环（图 2-98）。

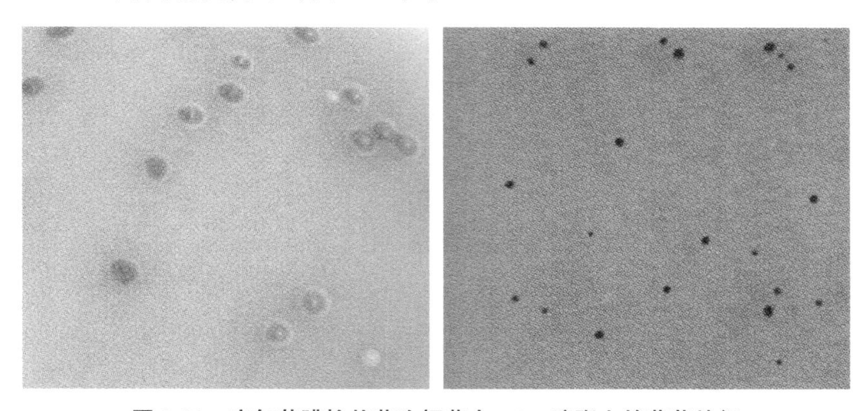

图 2-98 产气荚膜梭状芽孢杆菌在 TSC 琼脂上的菌落特征

左为含卵黄的 TSC 琼脂，右为不含卵黄的 TSC 琼脂

第十五节 小肠结肠炎耶尔森氏菌

小肠结肠炎耶尔森氏菌（*Yersinia enterocolitica*）属于耶尔森氏菌属，该属包括 11 个种，其中对人有致病性的有 3 种：小肠结肠炎耶尔森氏菌、假结核耶尔森氏菌（*Yersinia pseudotuberculosis*）和鼠疫耶尔森氏菌（*Yersinia pestis*）。只有小肠结肠炎耶尔森氏菌和假结核菌已确定是食源性病原体。鼠疫耶尔森氏菌引起

黑疽病，不通过食品传染。小肠结肠炎耶尔森氏菌为革兰氏阴性杆菌或球杆菌，大小为（1～3.5）μm×（0.5～1.3）μm，多单个散在，有时排列成短链或成堆。该菌不形成芽孢，无荚膜，有周鞭毛；但其鞭毛在培养条件仅在30℃以下可以形成，温度较高时即丧失，因此表现为30℃以下有动力，而35℃以上无动力。该菌生长温度为30～37℃，4℃时能保存和繁殖。该菌世代时间长，最短亦需40min左右。小肠结肠炎耶尔森氏菌分布很广，可存在于生的蔬菜、乳和乳制品、肉类、豆制品、沙拉、牡蛎和虾中，也存在于环境中，如湖泊、河流、土壤和植被等。

根据GB标准，在CIN-1（Cepulodin Irgasan Novobiocin-1）培养基上，26℃培养48h，小肠结肠炎耶尔森氏菌呈红色牛眼状菌落（图2-99）。

根据GB标准，在改良Y培养基上，26℃培养48h，小肠结肠炎耶尔森氏菌为无色透明、不黏稠的菌落（图2-100）。

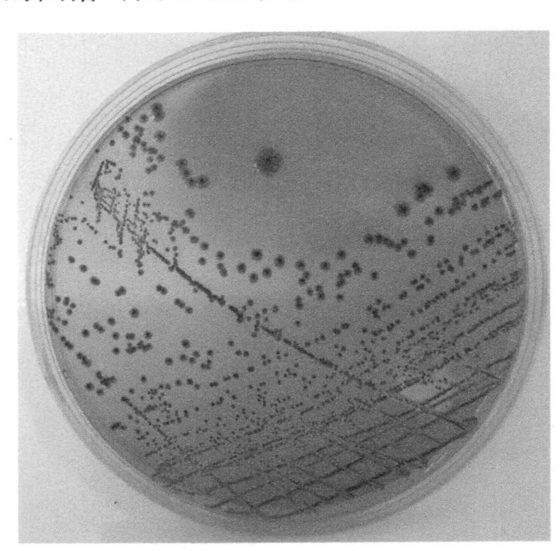

图2-99 小肠结肠炎耶尔森氏菌在CIN-1培养基上的菌落特征

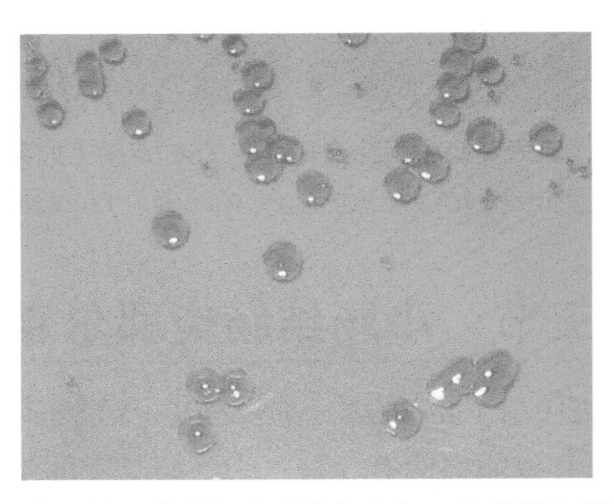

图2-100 小肠结肠炎耶尔森氏菌在改良Y培养基上的菌落特征

第十六节 克罗诺杆菌（阪崎肠杆菌）

克罗诺杆菌（原称阪崎肠杆菌）广泛分布于食品和环境中，对各年龄段的人群都有可能产生感染，但感染的高危人群主要集中在婴儿这一群体，尤其是免疫力低下的婴儿和新生儿。能引起严重的新生儿脑膜炎、坏死性小肠结肠炎和败血症，死亡率高达 50% 以上，并且伴有严重的后遗症。目前科学家还不十分清楚克罗诺杆菌的污染来源，但多数报告表明婴儿配方奶粉是婴幼儿感染的主要渠道。

克罗诺杆菌属（*Cronobacter*）为革兰氏阴性菌，无芽孢，有鞭毛，兼性厌氧，大多数产黄素，具有 α- 葡萄糖苷酶活性。最佳培养温度为 25~36℃，在 6~45℃ 条件下都能生长，对营养要求不高，能在多种培养基上生长。

根据 SN 标准和 FDA BAM 方法，在胰蛋白胨大豆琼脂（TSA）上，克罗诺杆菌为具有黄色且无光泽的菌落（图 2-101）。

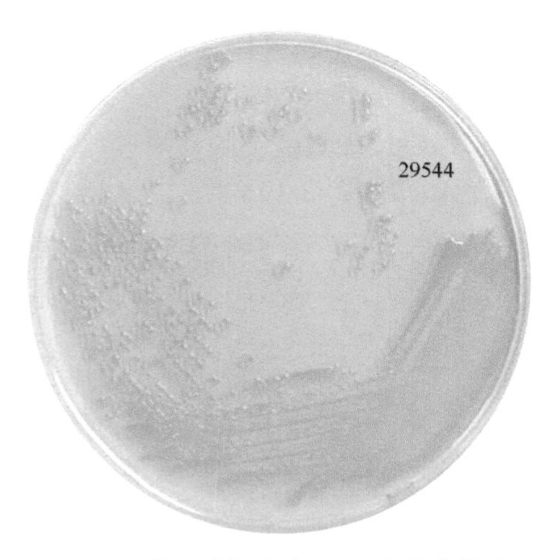

图 2-101 克罗诺杆菌在 TSA 上的菌落特征

在结晶紫中性红胆盐葡萄糖琼脂（VRBGA）上，克罗诺杆菌为紫色的菌落，周围伴有紫色的胆汁酸沉淀环（图 2-102）。

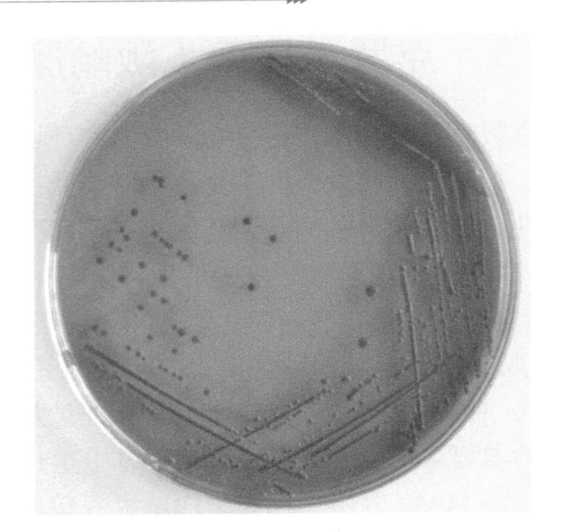

图 2-102　克罗诺杆菌在 VRBGA 上的菌落特征

克罗诺杆菌在陆桥显色培养基中，月桂基硫酸钠能够抑制非肠杆菌科细菌的生长，X-α-glc 作为 α- 葡萄糖苷酶特异性的显色底物。克罗诺杆菌生长代谢时产生葡萄糖苷酶，培养基中 X-α-glc 经过该酶酶切后释放 X 显色基团使菌体呈蓝绿色菌落，而大肠菌群呈无色菌落（图 2-103）。

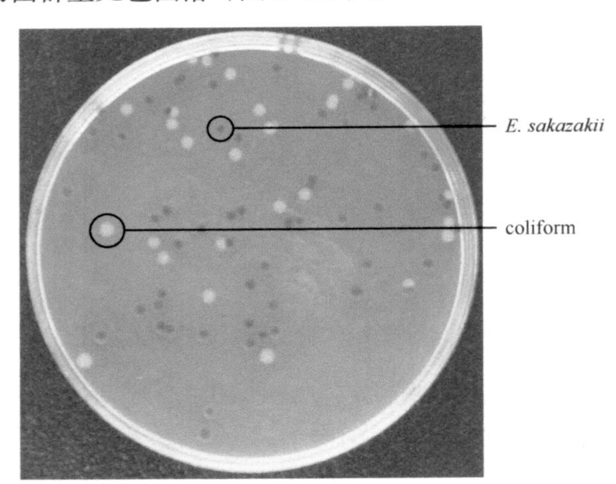

图 2-103　克罗诺杆菌在陆桥显色培养基上的菌落特征

E. sakazakii 为阪崎肠杆菌 [现更名为阪崎克罗诺杆菌（*C. sakazakii*）]，coliform 为大肠菌群

克罗诺杆菌在 Oxoid 显色培养基上，其为蓝色菌落，沙雷氏菌为红色菌落，无色的为变形杆菌（泛菌属）（图 2-104）。

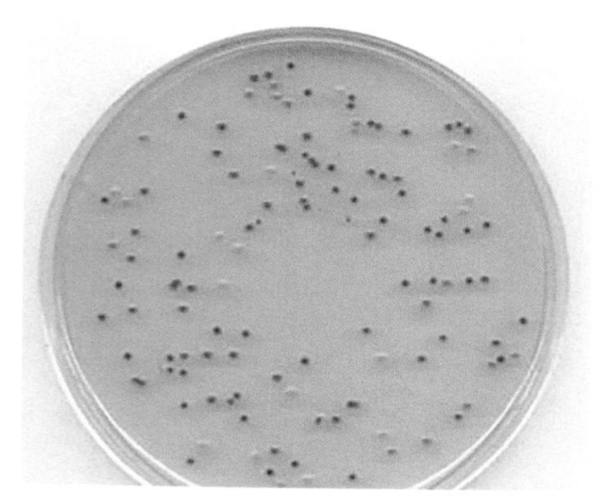

图 2-104　克罗诺杆菌在 Oxoid 显色培养基上的菌落特征（蓝色菌落）

第十七节　肠　球　菌

肠球菌属（*Enterococcus*）为一类革兰氏阳性球菌，兼性厌氧，无芽孢和荚膜，可分解胆汁和七叶苷；是食品、水、食品加工设备、食品生产环境等卫生状况的评估指标菌之一。肠球菌属包括 12 个种及 1 个变异株，它们是：粪肠球菌（*E. faecalis*）、屎肠球菌（*E. faecium*）、鸟肠球菌（*E. avium*）、酪黄肠球菌（*E. casseliflavus*）、坚忍肠球菌（*E. durans*）、鸡肠球菌（*E. galinarum*）、芒地肠球菌（*E. mundii*）、恶臭肠球菌（*E. maladoratum*）、希拉肠球菌（*E. hirae*）、孤立肠球菌（*E. solitarius*）、棉子糖肠球菌（*E. raffinosus*）、假鸟肠球菌（*E. pseudoavium*）、粪肠球菌变异株（*E. faecalis* var.）。粪肠球菌为该属中最常见的一个种。由于肠球菌的菌种均含有 Lancefield 的 D 群抗原，亦称为 D 群粪肠球菌或 D 群肠球菌。肠球菌普遍存在于自然界，一般栖居在各种温血和冷血动物的腔肠，甚至昆虫体内，也是健康人体的上呼吸道、口腔或肠道的常居菌。该菌可以引起心内膜炎、胆囊炎、脑膜炎、尿路感染及伤口感染等多种疾病。在人类粪便中的数量仅次于大肠菌群，每克成人粪便中约含 2×10^8 个。由于此污染指示菌对外界环境适应性、抵抗力及耐受性都比较强，甚至可以与多种抗生素相抵抗，营养要求不高，所以在自然界分布广、存活力持久。

在 Oxoid KAA 琼脂基础（Kanamycin aesculin azide agar base）培养基上，肠球菌呈灰白色菌落，周围有黑色晕圈（图 2-105）。

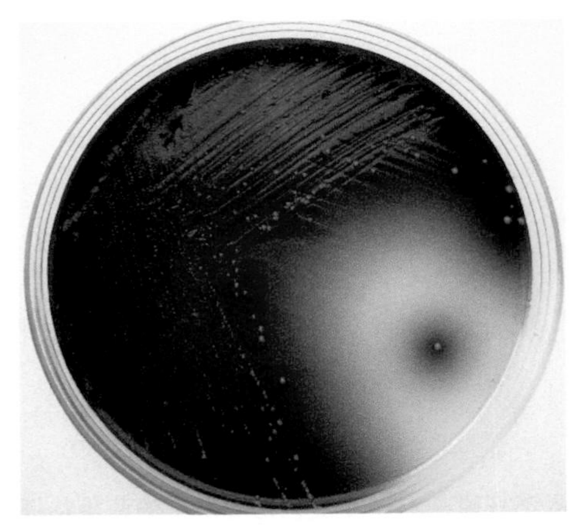

图 2-105　肠球菌在 Oxoid KAA 琼脂培养基上的菌落特征

在 Oxoid SB 培养基（Slanetz & Bartley medium，SBM）上，肠球菌呈红色至红褐色菌落（图 2-106）。

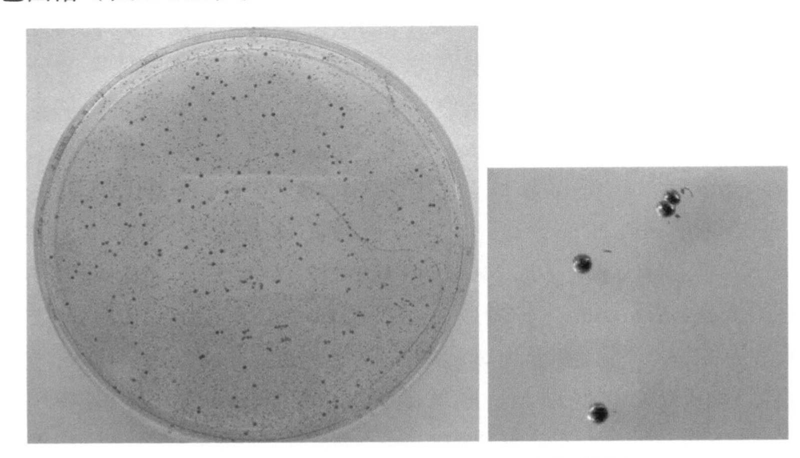

图 2-106　肠球菌在 Oxoid SBM 上的菌落特征

在日水肠球菌测试板（CDETC）上，肠球菌呈蓝色或者蓝绿色菌落（图 2-107）。

图 2-107　日水肠球菌测试板（CDETC）

第十八节　乳　酸　菌

乳酸菌（lactic acid bacteria）是指发酵糖类主要产物为乳酸的一类无芽孢、革兰氏染色阳性细菌的总称。大多数不运动，少数以周生菌毛运动。菌体常排列成链。在其发酵产物中只有乳酸的称为同型乳酸发酵，而产物中除乳酸外还有较多乙酸、乙醇、二氧化碳等物质的称为异型乳酸发酵。乳酸菌可分为微好氧菌和专性厌氧菌。根据细胞为球状或杆状，可分为两大类，即乳酸链球菌族（Streptococceae）和乳酸杆菌族（Lactobacilleae）。

乳酸链球菌族，菌体球状，通常成对或成链，在固体培养基上菌落较小，生长缓慢。多数为同型发酵，如链球菌属（*Streptococcus*），是与人类关系密切的重要菌群，有些菌是人和温血动物的致病菌；有些是人体的正常菌群，存在于口腔和肠道；有些是乳制品及植物发酵食品中的常用菌，常在食品工业中使用，如乳链球菌（*S. lactis*）。少数为异型发酵，如肠膜状明串珠菌（*Leuconostoc mesenteroides*）是制药工业上生产右旋糖酐（代血浆）的重要菌种，但也是制糖工业的一种有害菌，常使糖汁黏稠而无法加工。

乳酸杆菌族，菌体杆状，单个或成链，有时呈丝状、产生假分枝。根据其利用葡萄糖后的产物不同，分为同型发酵群和异型发酵群。多数种可发酵乳糖，而不利用乳酸，发酵后可将 pH 降至 6.0 以下。乳酸杆菌族中以乳酸杆菌属（*Lactobacillus*）最为重要，大多是工业上尤其是食品工业上的常用菌种。存在于乳制品，发酵植物食品如泡菜、酸菜，青贮饲料及人的肠道，尤其是婴幼儿肠道中。工业生产乳酸常用高温发酵菌。例如，德氏乳杆菌（*L. delbrueckii*），最适生长温度为 45℃，此菌在工业制造乳酸和乳酸钙中广泛应用。

根据 GB 标准，在改良 MC 培养基上，36℃培养 72h，乳酸菌形成圆形、红色的菌落，菌落直径较小（图 2-108）。

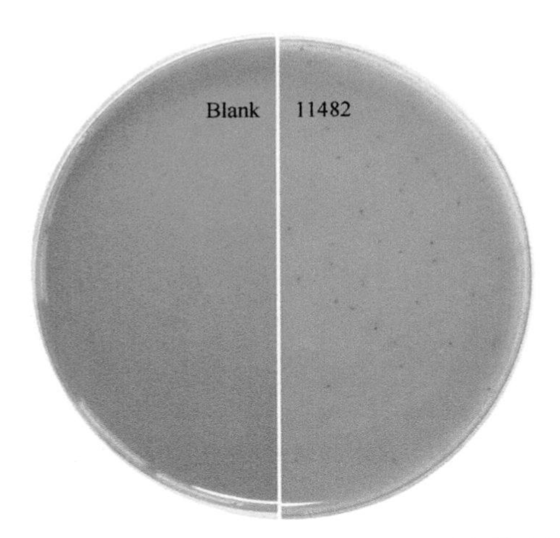

图 2-108　乳酸菌在改良 MC 培养基上的菌落特征

Blank. 空白培养基；11482. 德氏乳杆菌

根据 GB 标准，改良番茄汁琼脂（改良 TJA）中的番茄汁能够提供乳酸菌生长所需的碳源和氮源；酵母提取液、牛肉膏提供微量元素、维生素及氨基酸等；葡萄糖、乳糖作为可发酵的碳源；磷酸盐作为缓冲剂；吐温 80 具有缓解细胞毒性的作用。36℃培养 72h，乳酸菌形成微白色菌落，菌落较小（图 2-109）。

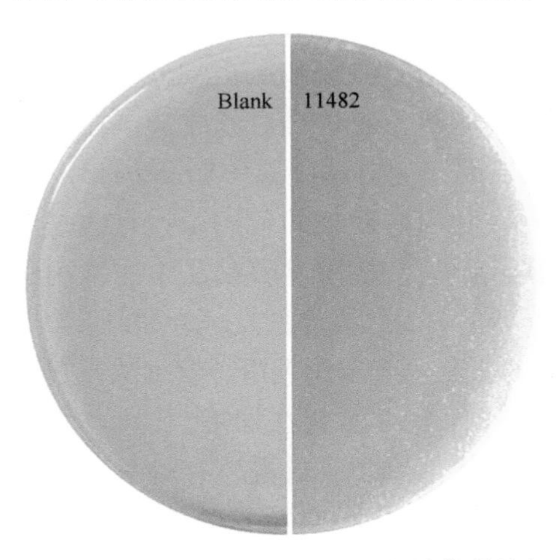

图 2-109　乳酸菌在改良 TJA 上的菌落特征

Blank. 空白培养基；11482. 德氏乳杆菌

在 MRSA 上，乳酸菌形成白色菌落，菌落直径 2 ~ 4mm（图 2-110）。

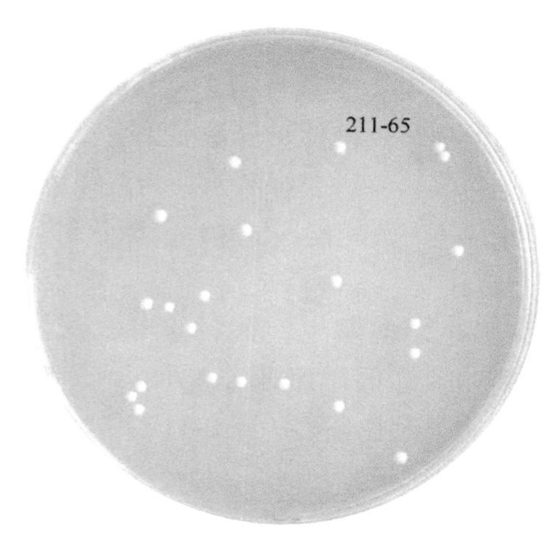

图 2-110　乳酸菌在 MRSA 上的菌落特征

211-65. 阿拉伯糖乳杆菌（*Lactobacillus arabinosus*）

根据AOAC方法，3M乳酸菌测试片中含有营养成分、指示剂、氧气清除成分，在进行乳酸菌的厌氧检测时，能消耗氧气产生厌氧环境，无须额外的厌氧罐、厌氧剂等。培养温度（36±1）℃，培养时间（48±2）h，计数所有红色菌落和红色带气泡的菌落为乳酸菌总数，其中红色带气泡的为产气的乳酸菌（图 2-111）。

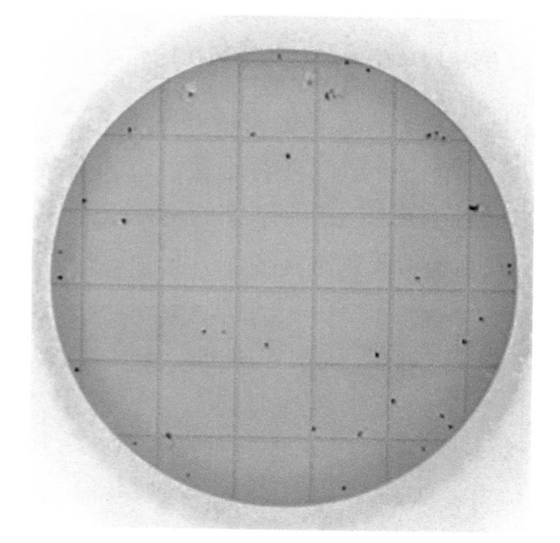

图 2-111　乳酸菌在 3M 测试片上的菌落特征

第十九节　铜绿假单胞菌

铜绿假单胞菌（*Pseudomonas aeruginosa*）属于假单胞菌属，广泛分布于自然界及正常人皮肤、肠道和呼吸道，是临床上较常见的条件致病菌之一。大小为（1.5～3.0）μm×（0.5～0.8）μm，革兰氏阴性杆菌。菌体一端一般有1根鞭毛，运动活泼。无芽孢，有多糖荚膜或糖萼，具有抗吞噬作用。在普通培养基上生长良好，专性需氧。菌落形态不一，多数直径2～3mm，边缘不整齐，扁平湿润。在血琼脂平板上形成透明溶血环。液体培养呈混浊生长，并有菌膜形成。铜绿假单胞菌能产生两种水溶性色素：一种是绿脓素，为蓝绿色的吩嗪类化合物，无荧光性，具有抗菌作用；另一种为荧光素，呈绿色。绿脓素只有铜绿假单胞菌产生，故有诊断意义。

在科玛嘉假单胞菌显色培养基上，铜绿假单胞菌呈蓝色菌落，菌落直径2～4mm。其他假单胞菌如荧光假单胞菌（*P. fluorescens*）、洋葱假单胞菌（*P. cepacia*）等在该培养基上也显蓝色菌落（图2-112）。

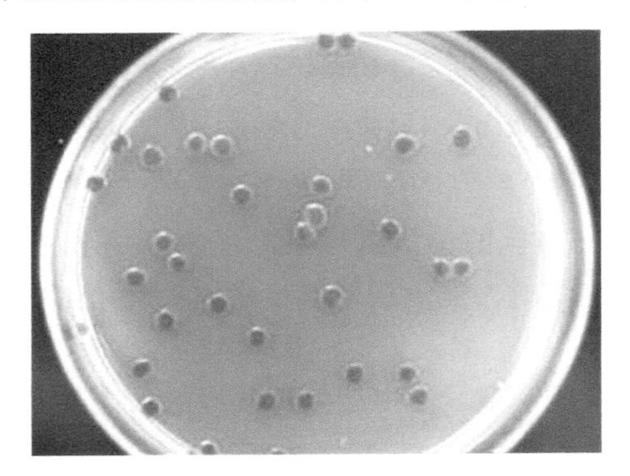

图2-112 铜绿假单胞菌在科玛嘉显色培养基上的菌落特征

根据GB标准，在十六烷三甲基溴化铵培养基上，37℃培养18～24h，铜绿假单胞菌菌落扁平无定型，向周边扩散或略有蔓延，表面湿润，菌落呈灰白色，菌落周围培养基常扩散有水溶性色素。该培养基中的十六烷三甲基溴化铵是一种季铵阳离子去污剂，选择性强，大肠埃希氏菌不能生长，革兰氏阳性菌生长较差（图2-113）。

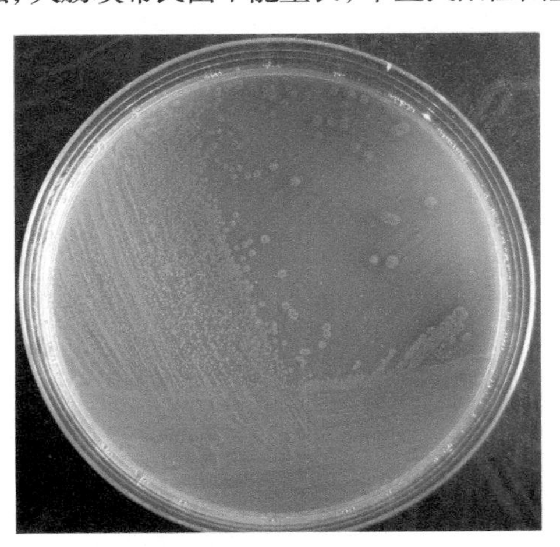

图2-113 铜绿假单胞菌在十六烷三甲基溴化铵上的菌落特征

根据GB标准，乙酰胺琼脂中的乙酰胺提供细菌生长所需的氮源和碳源，利用乙酰胺的细菌能在该培养基上生长。铜绿假单胞菌在该培养基上，37℃培养24h，生长良好，菌落扁平，呈红色，边缘不整齐（图2-114）。

图2-114　铜绿假单胞菌在乙酰胺琼脂上的菌落特征

Blank. 空白培养基；10211. 铜绿假单胞菌

根据GB标准，在绿脓素鉴定培养基上，铜绿假单胞菌能生成绿脓素，培养基变绿色（图2-115）。

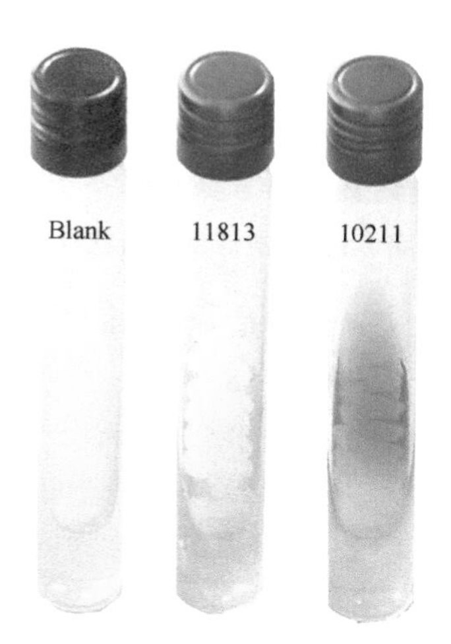

图2-115　铜绿假单胞菌色素测定培养基

Blank. 空白管；11813. 洋葱假单胞菌；10211. 铜绿假单胞菌

第二十节 链 球 菌

链球菌属（*Streptococcus*）细菌广泛分布于自然界。其中某些型是人体的正常菌群成员，而另一些型则引起人类重要疾病。菌体直径 0.5 ~ 1.0μm，球形或卵圆形，革兰氏染色阳性，呈链状排列，长短不一，从 4 ~ 8 个至 20 ~ 30 个细胞组成不等，链的长短与细菌的种类及生长环境有关（图 2-116）。在液体培养基中易呈长链，固体培养基中常呈短链，由于链球菌能产生脱链酶，所以正常情况下链球菌的链不能无限制地延长。该菌需氧或兼性厌氧，营养要求较高，普通培养基上生长不良，需补充血清、血液、腹水，大多数菌株需核黄素、维生素 B6、烟酸等生长因子。最适生长温度为 37℃，在 20 ~ 42℃的温度范围内也能生长，最适 pH 为 7.4 ~ 7.6。能分解葡萄糖，不分解菊糖，不被胆汁溶解。后两点可与肺炎球菌属（*Pneumococcus*）相区别。

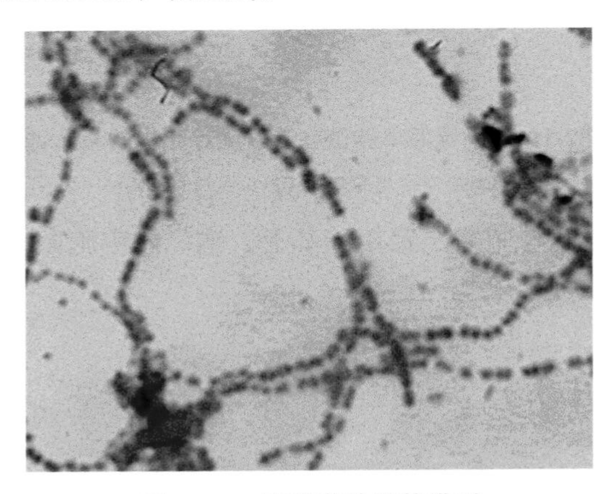

图 2-116 链球菌的链状排列

链球菌具有族（group）特异性，是 Lancefield 血清学分类的依据。根据族特异性抗原分类，将链球菌分 A ~ T 共 18 个族。另一种分类方法为，根据溶血作用和链球菌在血液琼脂平板上菌落周围溶血情况分类，有草绿色溶血环的称为甲（α）型溶血，如草绿色链球菌（*S. viridans*）；呈透明溶血环的称为乙（β）型溶血，如化脓性链球菌（*S. pyogenes*）；不溶血的，称为丙（γ）型溶血。

根据 GB 标准，链球菌在葡萄糖肉浸肉汤中易成长链，管底有絮状或颗粒状沉淀生长（图 2-117）。

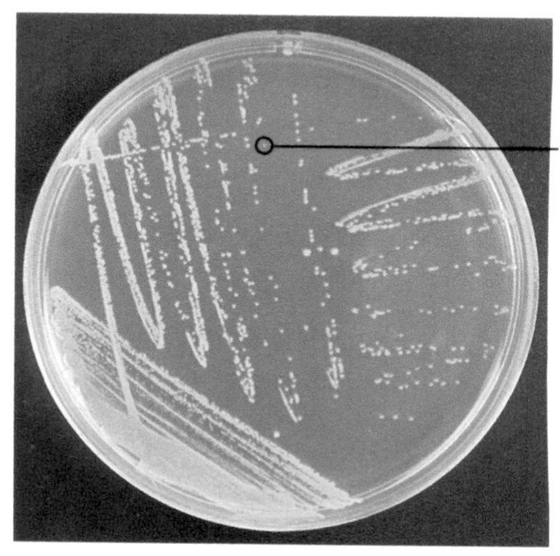

图 2-123 唐菖蒲伯克霍尔德氏菌在 PCFA 培养基上的形态

在卵黄琼脂培养基上培养 24h 后，可见 2~3mm 的菌落，表面光滑、湿润；培养 48h 后，菌落周围形成乳白色混浊环，斜射光下可见菌落及周围培养基表面呈虹彩现象（图 2-124）。

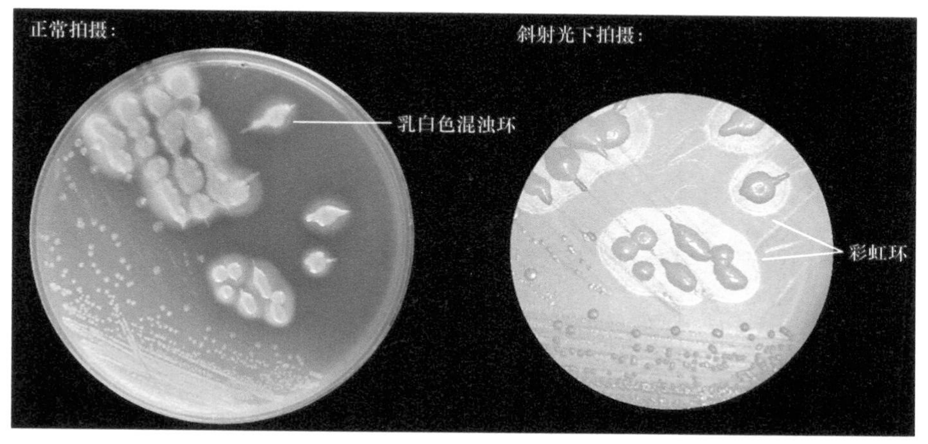

图 2-124 唐菖蒲伯克霍尔德氏菌在卵黄琼脂培养基上的形态

唐菖蒲菌在培养 48h 后，菌落周围形成乳白色混浊环，斜射光下可见菌落及周围培养基表面呈虹彩现象

第二十三节 双歧杆菌

双歧杆菌属（*Bifidobacterium*）是一种革兰氏阳性菌，呈杆状，一端有时呈分叉状，为严格厌氧细菌。双歧杆菌形态多样，包括短杆状、近球状、长弯杆状、分叉杆状、棍棒状或匙状，单个或排列成“V”形、栅栏状、星状。不抗酸，无芽孢，无动力。双歧杆菌菌落较小、光滑、凸圆、边缘完整，呈乳脂色至白色。

最适生长温度为37～41℃，最低生长温度为25℃，最高生长温度为45℃。初始生长最适pH为6.5～7.0，生长pH范围一般为4.5～8.5。糖代谢为异型乳酸发酵的双歧杆菌途径，特点是利用葡萄糖产乙酸和乳酸，不产生二氧化碳，其中果糖-6-磷酸盐磷酸转酮酶是关键酶，在分类鉴定中，可用以区分与双歧杆菌近似的几个属。过氧化氢酶阴性（少数例外），不还原硝酸盐。该菌的氮源通常为铵盐，少数为有机氮；对氯霉素、林可霉素、四环素、青霉素、万古霉素、红霉素和杆菌肽等抗生素敏感；对多黏菌素B、卡那霉素、庆大霉素、链霉素和新霉素不敏感。

根据GB标准，双歧杆菌在乳酸菌通用培养基（MRS）琼脂平板或者双歧杆菌培养基琼脂平板上，经（36±1）℃严格厌氧培养48～72h，菌落呈圆形，光滑，乳白色或者黄色，边缘整齐，表面较湿润（图2-125a、b）。

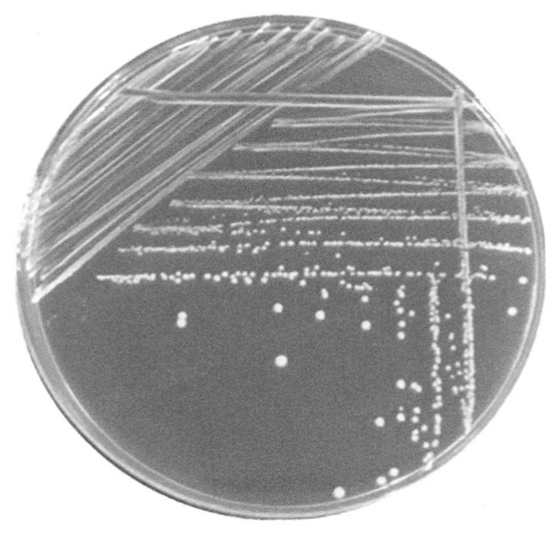

图2-125a　双歧杆菌在MRS琼脂平板上的菌落特征

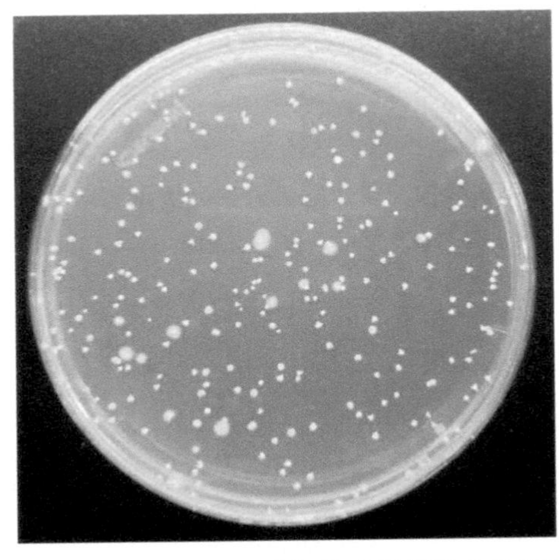

图2-125b　双歧杆菌在双歧杆菌琼脂平板上的菌落特征

第二十四节 霉　　菌

霉菌（mold）为丝状真菌的统称。凡是在营养基质上能形成绒毛状、网状或絮状菌丝体的真菌（除少数外），均可称为霉菌。霉菌分属于真菌界的藻状菌纲、子囊菌纲和半知菌类。在自然界分布相当广泛，无所不在，而且种类和数量惊人。在自然界中，霉菌是各种复杂有机物，尤其是数量最大的纤维素、半纤维素和木质素的主要分解菌。一般情况下，霉菌在潮湿的环境下易于生长，特别是在偏酸性的基质当中。霉菌可造成食品、生活用品及一些工具、仪器和工业原料等的霉变。霉菌能产生多种毒素，目前已知的有 100 种以上。例如，黄曲霉毒素，毒性极强，可引起食物中毒及癌症。霉菌的菌落大、疏松、干燥、不透明，有的呈绒毛状、絮状或网状等，菌体可沿培养基表面蔓延生长，由于不同的真菌孢子含有不同的色素，所以菌落可呈现红、黄、绿、青绿、青灰、黑、白、灰等多种颜色（图 2-126）。

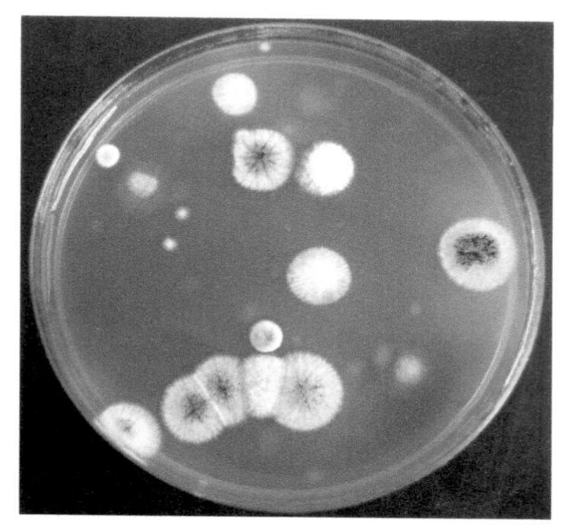

图 2-126　霉菌在孟加拉红琼脂上的菌落特征

霉菌检测过程中，注意不要使用旋转刀片均质器，避免把菌丝切断，导致检验结果偏高。平板应正置培养，避免在培养过程中，因为需要多次观察而反复上下反转平板导致霉菌孢子扩散形成次生小菌落，影响最终计数结果。光照会促进孟加拉红琼脂部分成分分解，因此，应避光保存；灭菌时间不超过 15min，避免使用透明门的培养箱或将平板放在有光照的条件下培养。结果报告时，应观察并记录培养至第 5 天的结果，避免培养到 5 天后才进行观察，而出现霉菌菌落已经蔓延导致无法计数的情况。

根据 AOAC 方法，3M 霉菌酵母测试片（Petrifilm yeast and mold count plate，PYM）含有标准培养基，添加了抗生素，能够抑制细菌生长。21～25℃培养，培养时叠放片数小于 20 个，3～5 天后进行菌落计数。霉菌判读：大型菌落，边界模糊，中间颜色深暗，颜色不均一，计数范围 15～150cfu/g（图 2-127）。

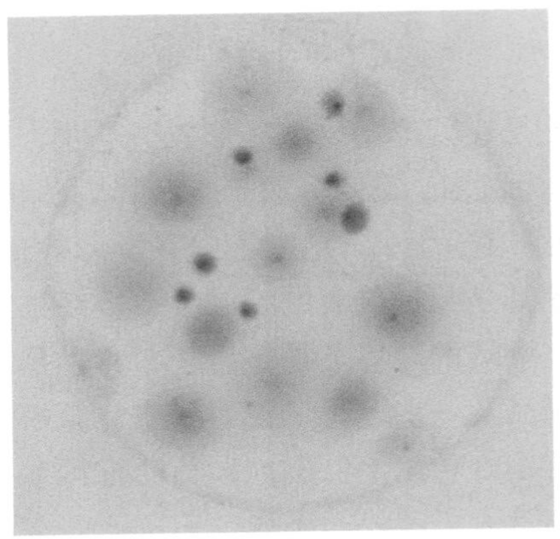
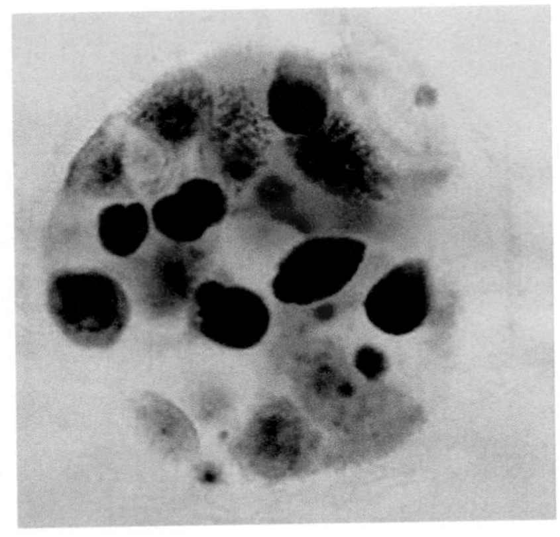

图 2-127　霉菌在 3M PYM 上的菌落特征

3M 快速霉菌酵母测试片，含有营养成分、抗生素、指示剂，新的染色剂技术便于霉菌和酵母菌的计数，并能有效防止霉菌的扩散和叠加。培养时叠放片数小于 20，培养时间 48 ~ 60h。霉菌判读：有扩散边缘的大型菌落，菌落为蓝绿色（随着培养时间延长，也可能出现黄色或其他颜色）、菌落扁平、中心颜色深暗、边缘扩散，计数范围 15 ~ 150cfu/g（图 2-128）。

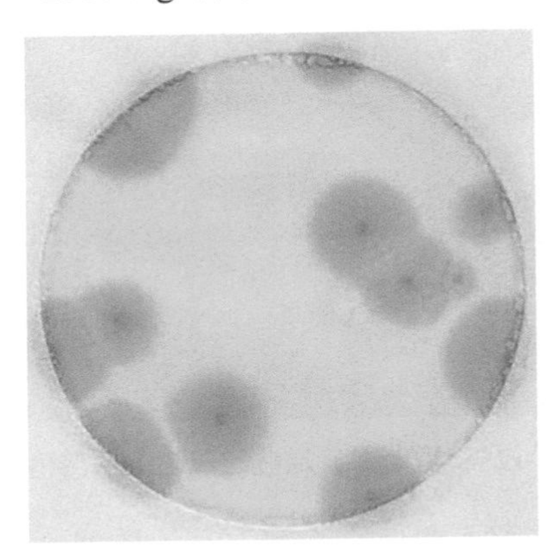

图 2-128　霉菌在 3M 快速霉菌酵母测试片上的菌落特征

一、曲霉属

曲霉属（*Aspergillus*）属于子囊菌亚门。广泛分布于土壤、空气和谷物上，可引起食物、谷物和果蔬的霉腐变质，有的可产生致癌性的黄曲霉毒素。菌丝发达多分枝，有隔多核，为多细胞真菌。分生孢子梗由特化了的厚壁而膨大的菌丝细胞（足细胞）上垂直生出；分生孢子头状如“菊花”（图 2-129）。

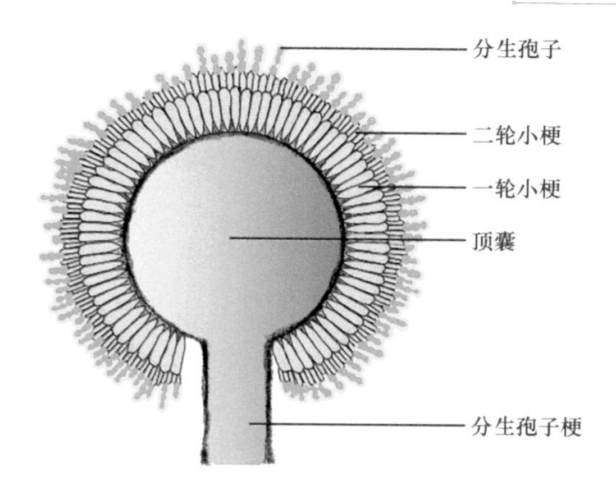

图 2-129 曲霉属的分生孢子头

图 2-130 为不同曲霉属真菌的菌落特征和分生孢子头。

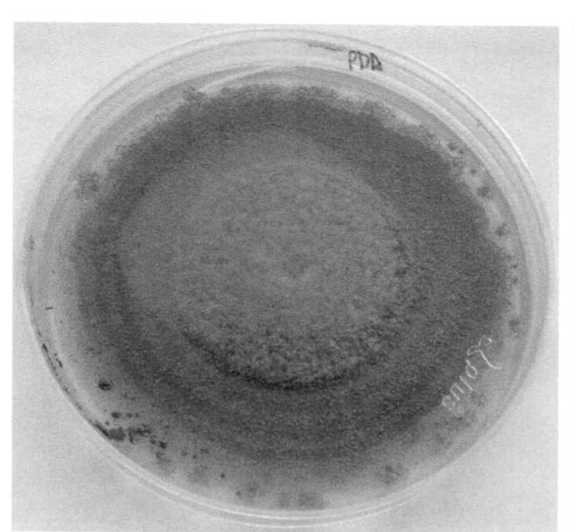

a. 黄曲霉（*Aspergillus flavus*）

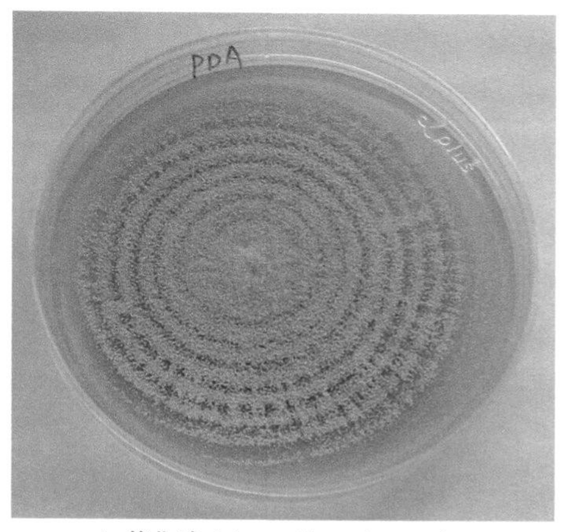

b. 赭曲霉（*Aspergillus ochraceus*）

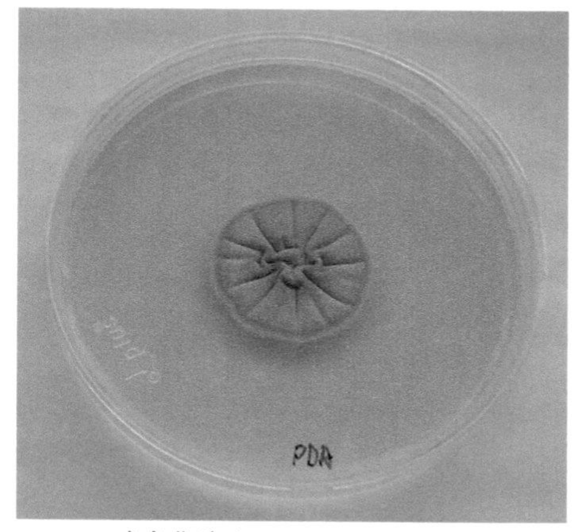

c. 杂色曲霉（*Aspergillus versicolor*）

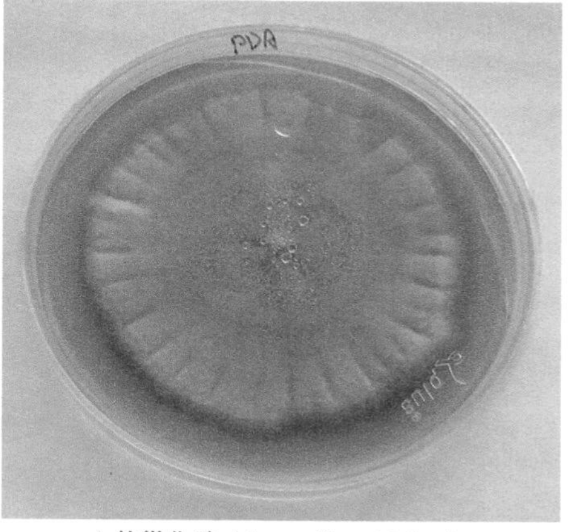

d. 构巢曲霉（*Aspergillus nidulans*）

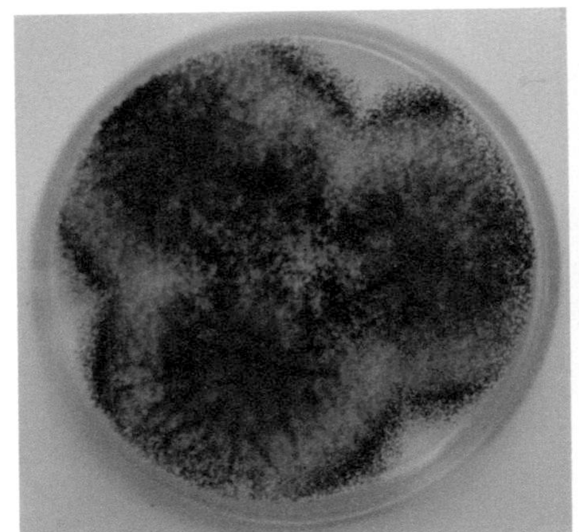

e. 黑曲霉（*Aspergillus niger*）

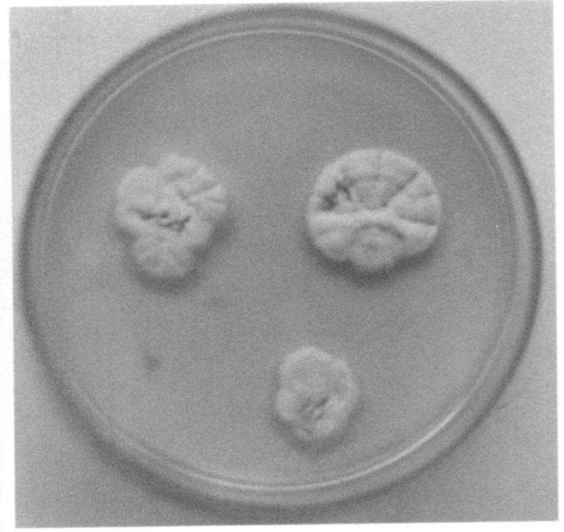

f. 白曲霉（*Aspergillus candidus*）

g. 土曲霉（*Aspergillus terreus*）

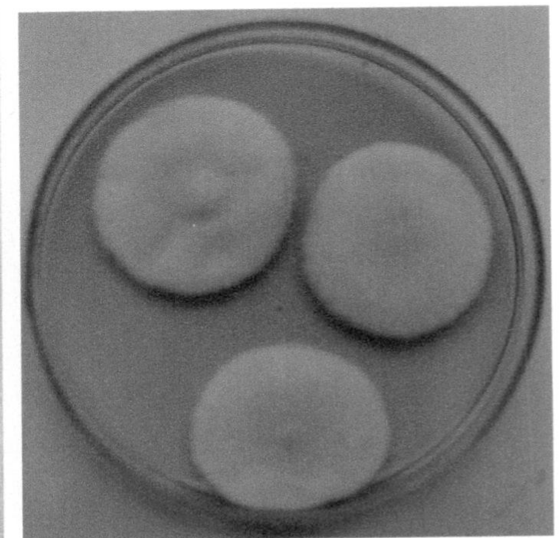

h. 焦曲霉（*Aspergillus ustus*）

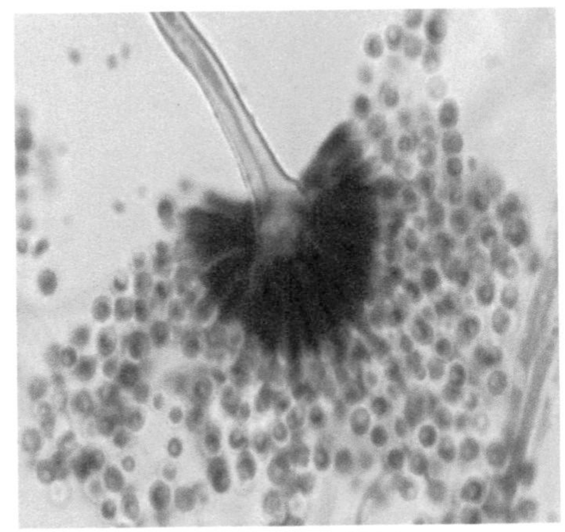

i. 杂色曲霉分生孢子头

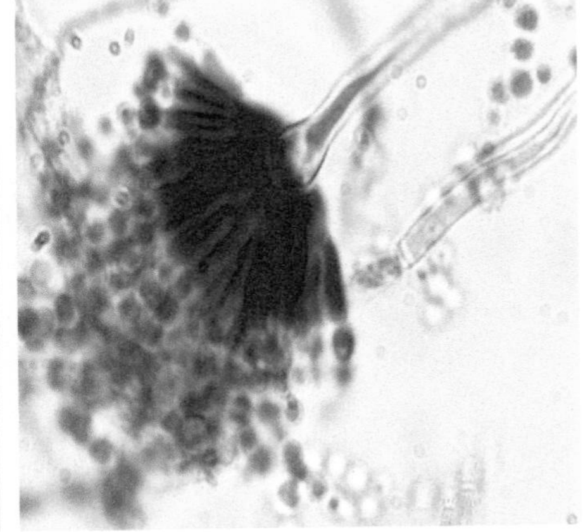

j. 赭曲霉分生孢子头

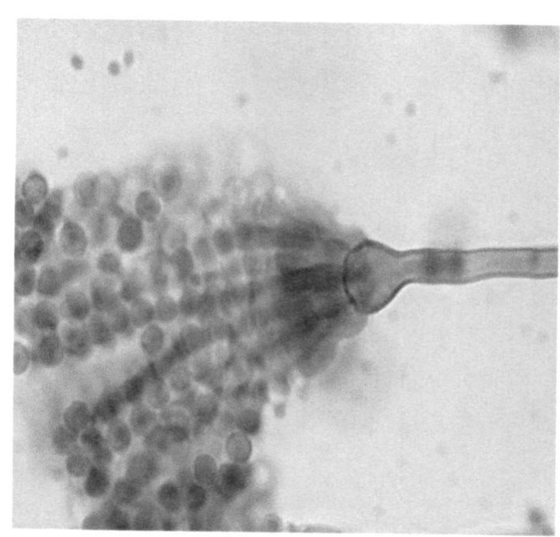

k. 构巢曲霉分生孢子头

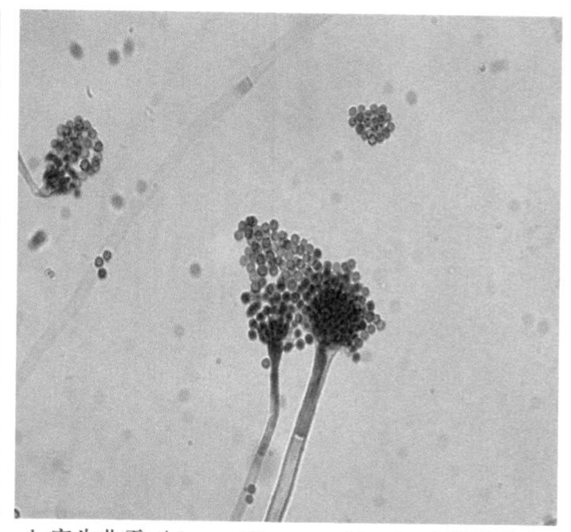

l. 寄生曲霉（*Aspergillus parasiticus*）分生孢子头

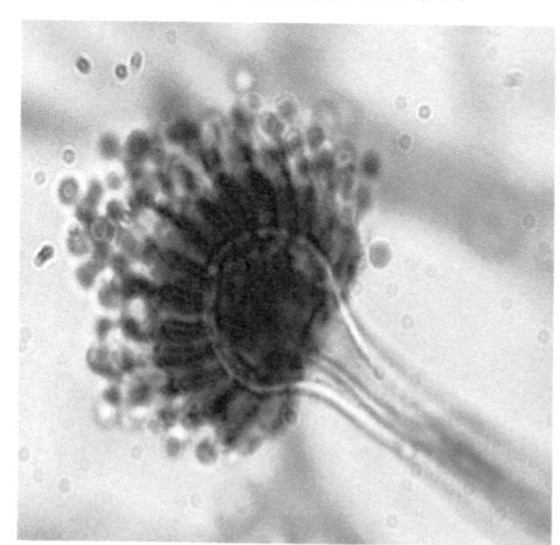

m. 黄曲霉分生孢子头

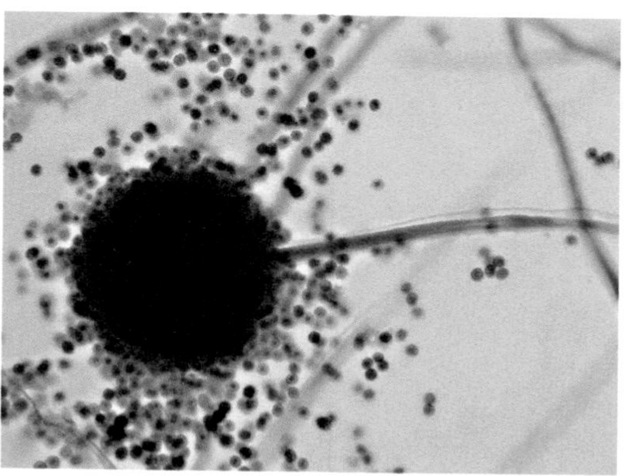

n. 黑曲霉分生孢子头

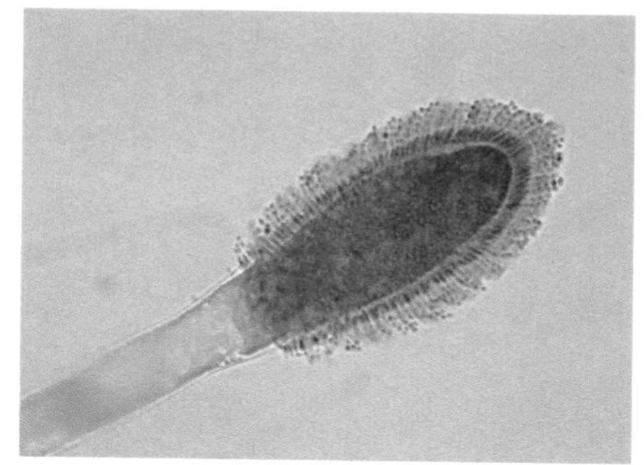

o. 棒曲霉（*Aspergillus clavatus*）分生孢子头

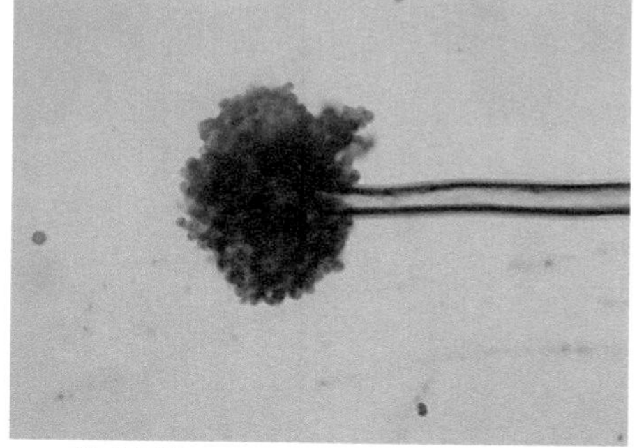

p. 灰绿曲霉（*Aspergillus glaucus*）分生孢子头

图 2-130 曲霉属部分种的菌落特征和分生孢子头形态

二、青霉属

青霉属（*Penicillium*）多数属于子囊菌亚门，少数属于半知菌亚门。广泛分布于土壤、空气、粮食和水果上，可引起病害或霉腐变质。与曲霉类似，菌丝也是由有隔多核的多细胞构成。但青霉无足细胞，分生孢子梗从基内菌丝或气生菌丝上生出，有横隔，顶端生有扫帚状的分生孢子头。分生孢子多呈蓝绿色。扫帚枝有单轮、双轮和多轮，对称或不对称（图 2-131）。

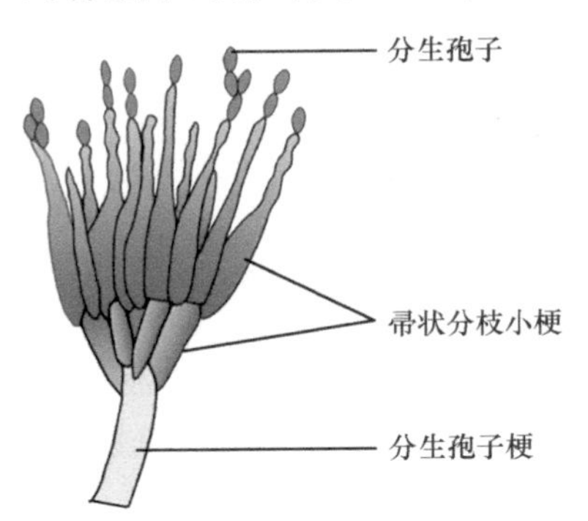

图 2-131　青霉属的分生孢子头

图 2-132 为不同青霉属真菌的菌落特征和分生孢子头。

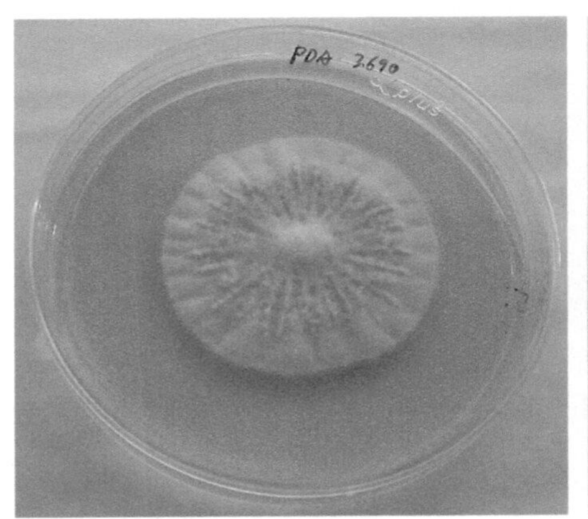

a. 橘青霉（*Penicillium citrinum*）

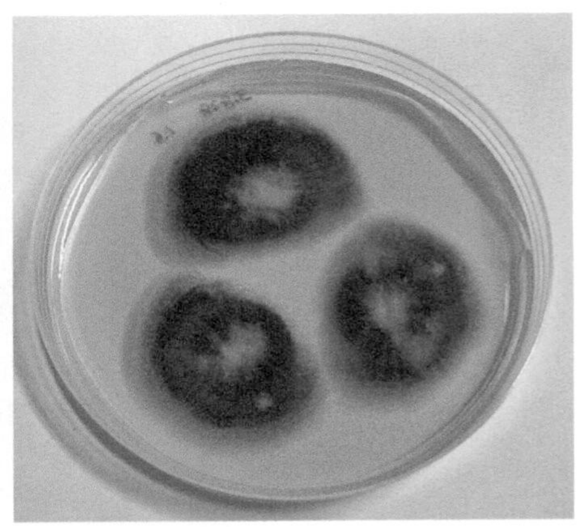

b. 黄暗青霉（*Penicillium citreonigrum*）

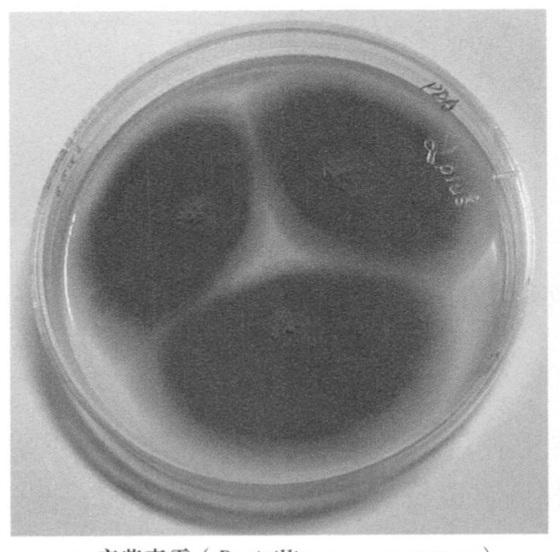

c. 产紫青霉（*Penicillium purpurogenum*）

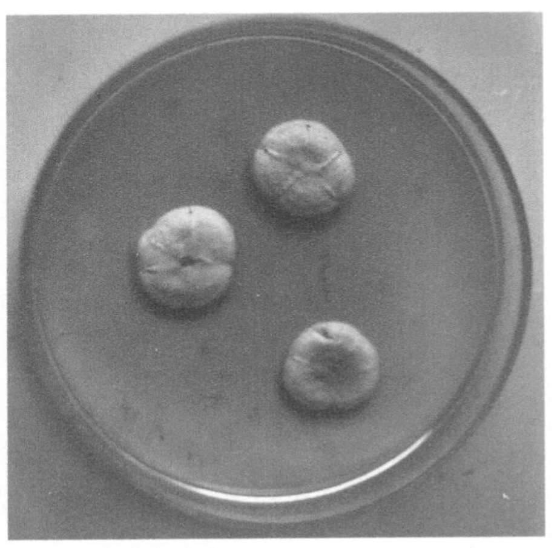

d. 产黄青霉（*Penicillium chrysogenum*）

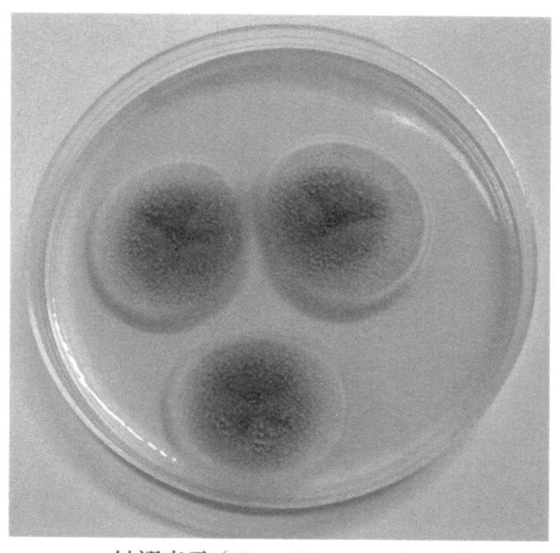

e. 皱褶青霉（*Penicillium rugulosum*）

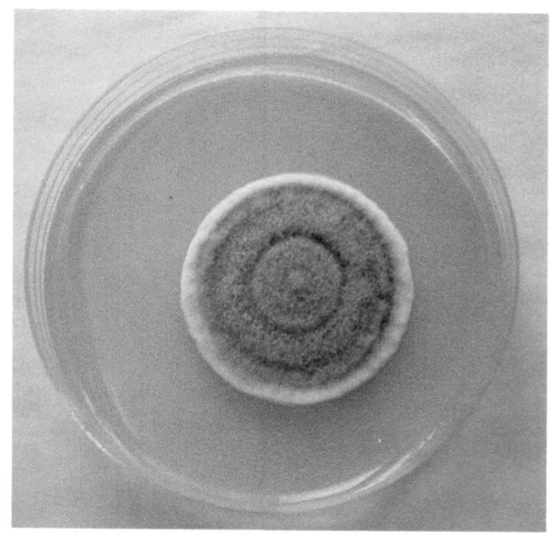

f. 束形青霉（*Penicillium isariiforme*）

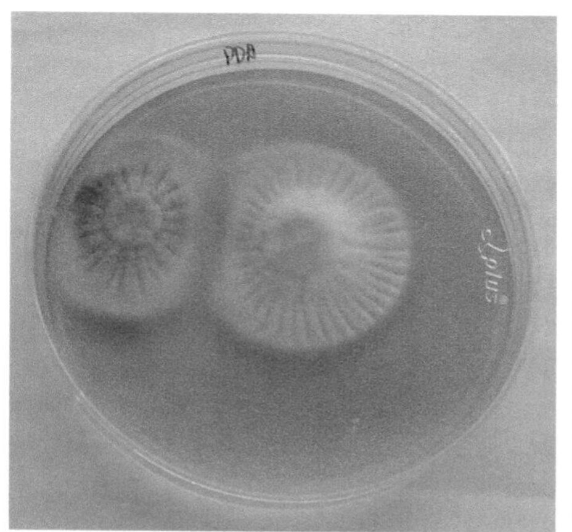

g. 鲜绿青霉（*Penicillium viridicatum*）

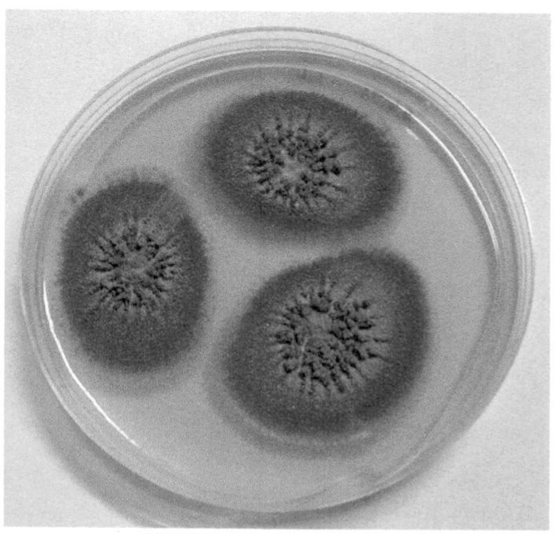

h. 橘灰青霉（*Penicillium aurantiogriseum*）

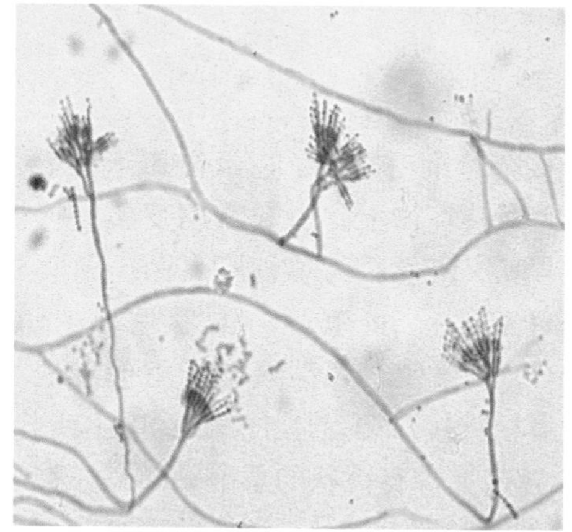

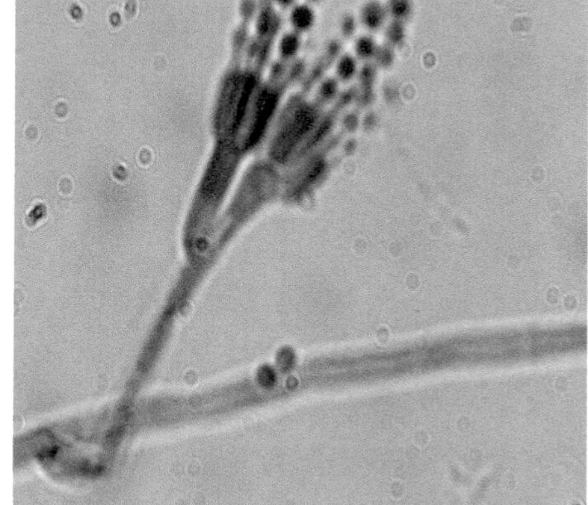

i. 橘灰青霉分生孢子头

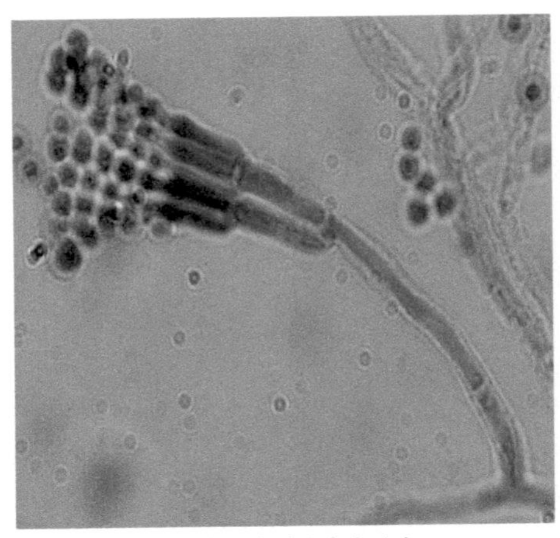

j. 产紫青霉分生孢子头

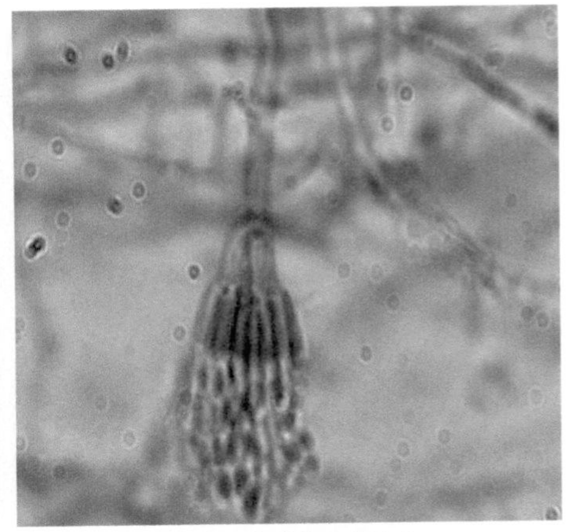

k. 束形青霉分生孢子头

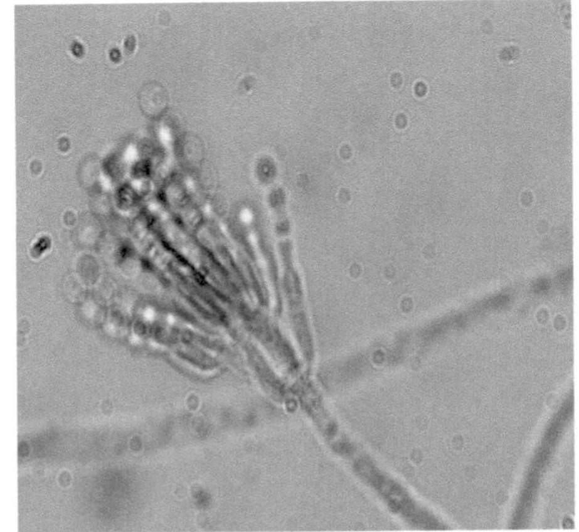

l. 黄暗青霉分生孢子头

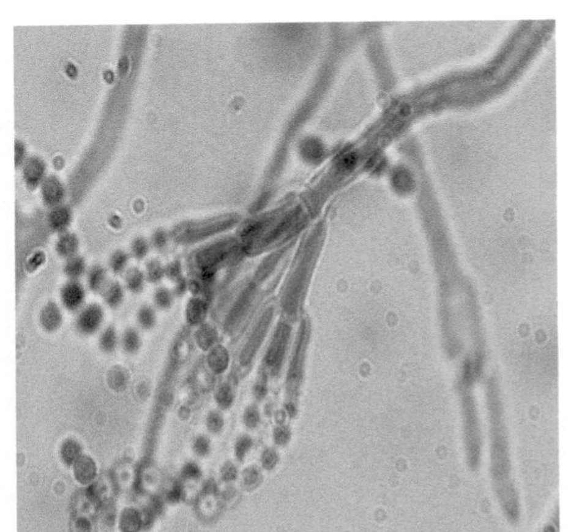

m. 鲜绿青霉分生孢子头

图 2-132　青霉属部分种的菌落特征和分生孢子头

三、毛霉属

毛霉属（*Mucor*）在分类系统中属于接合菌纲毛霉目。广泛分布于土壤、空气中，也常见于水果、蔬菜、各类淀粉食物、谷物上，引起霉腐变质。特征：低等真菌，菌丝发达、繁密，白色、无隔多核菌丝，为单细胞真菌。菌落蔓延性强，多呈棉絮状。代表种：高大毛霉（*Mucor mucedo*）、总状毛霉（*Mucor racemosus*）和梨形毛霉（*Mucor piriformis*）。繁殖：无性繁殖产生孢囊孢子，有性繁殖产生接合孢子。无性繁殖时孢子囊梗直接从菌丝体上发出，单生或分枝，顶端产生膨大的孢子囊，孢子囊为球形，囊壁上常有针状的草酸钙结晶。在囊轴与孢子囊梗相连处无囊托，但孢子囊壁破裂时，留有残迹 - 囊领。毛霉的孢子囊梗有单生的，也有分枝的。分枝有单轴、假轴两种类型。毛霉的菌丝多为白色，孢子囊黑色或褐色，孢囊孢子大部分无色或浅蓝色，因种不同而异（图 2-133）。

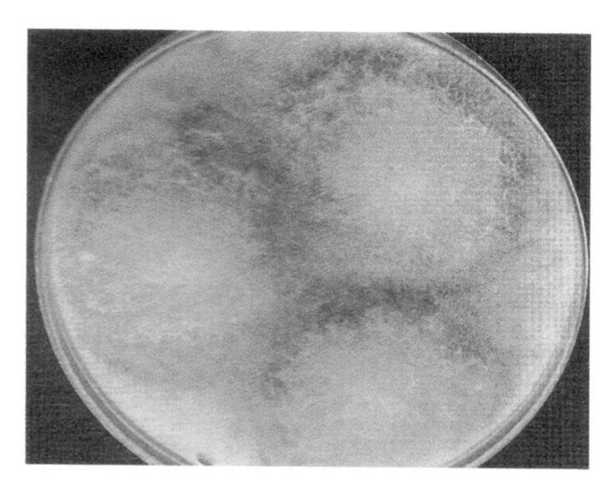

图 2-133　毛霉属

四、根霉属

根霉属（*Rhizopus*）与毛霉属同属接合菌纲毛霉目。分布于土壤、空气中，常见于淀粉食品上，可引起霉腐变质和水果、蔬菜的腐烂。形态特征：很多特征与毛霉相似，菌丝也为白色、无隔多核的单细胞真菌，多呈絮状（图 2-134a）。与毛霉的主要区别在于根霉有假根和匍匐枝，与假根相对处向上生出孢囊梗（图 2-134b）。孢子囊梗与囊轴相连处有囊托，无囊领。繁殖：无性繁殖产生孢囊孢子，有性繁殖产生接合孢子（图 2-134c）。根霉的孢子囊和孢囊孢子多为黑色或褐色，有的颜色较浅（图 2-134d）。代表种：米根霉（*R. oryzae*）、黑根霉（*R. nigricans*）等。

a. 根霉属

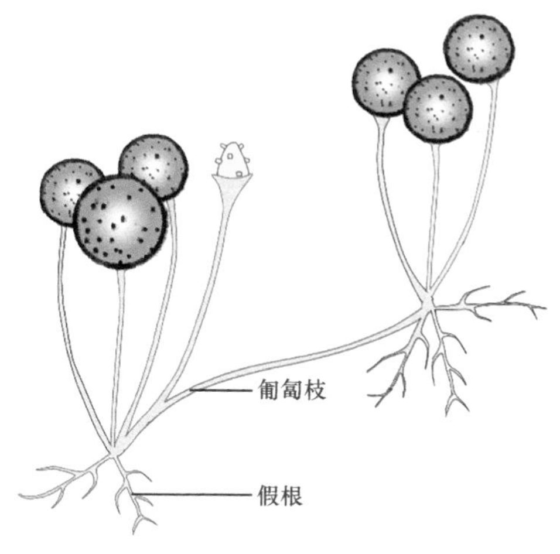

b. 根霉的假根和匍匐枝

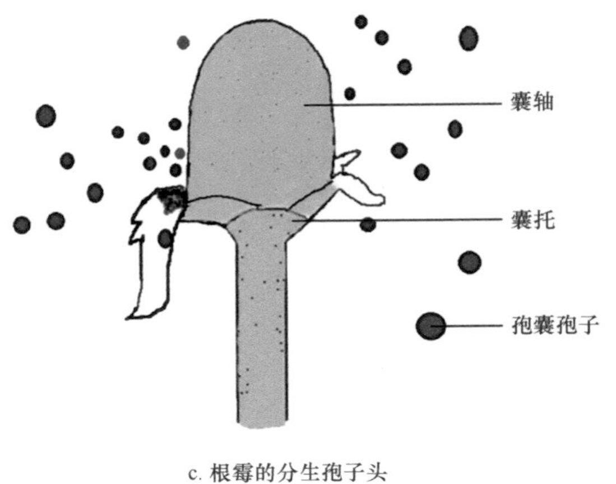

c. 根霉的分生孢子头

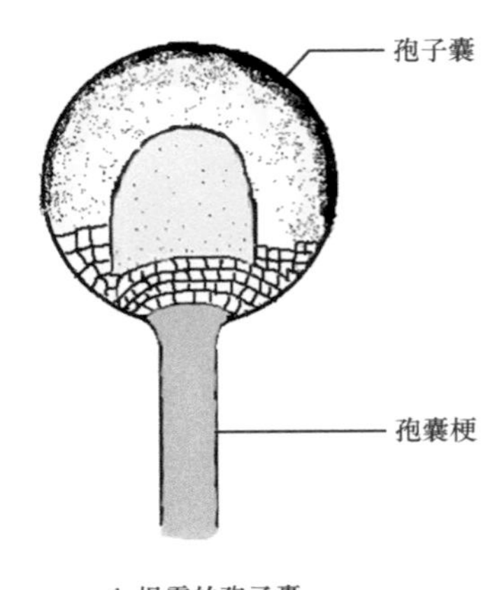

d. 根霉的孢子囊

图 2-134　根霉属的形态特征

五、木霉属

木霉属（*Trichoderma*）是半知菌亚门丝孢纲丝孢目丛梗孢科真菌的一个属。菌丝透明、有隔、分枝繁多。气生菌丝的短侧枝成为分生孢子梗，其上长出对生或互生分枝，并可再长出二级、三级分枝，分枝上又束生、对生、互生或单生瓶状小梗，其末端产生近球形、椭圆形、圆筒形或倒卵形的分生孢子。分生孢子以黏液聚成球形或近球形的孢子头。菌落伸展迅速，呈棉絮状或致密丛束状，一般绿色，菌落表面常呈同心轮纹状。一般腐生。广泛分布于自然界，在腐木、种子、植物残体、有机肥、土壤和空气中尤多。也可寄生并危害多孔菌和伞菌等大型真菌。主要种类有拟康氏木霉（*T. pseadokoningi*）（图 2-135）和绿色木霉（*T. viride*）等。是纤维素酶的重要生产菌，也是木材和有关工业产品的破坏者。

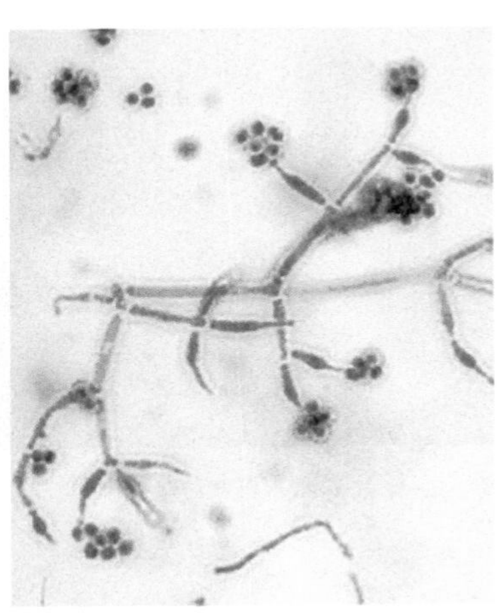

图 2-135　拟康氏木霉

六、镰刀菌属

镰刀菌属（*Fusarium*）为半知菌亚门、丝孢菌纲、丝孢菌目、瘤座孢科中一属，其分布广、种类多，是污染粮食和饲料的常见霉菌菌属之一。镰刀菌可产生镰刀菌毒素。食用霉变的粮食可导致人患病和死亡。某些菌种可诱发人皮肤和角膜溃疡。恶性肿瘤的发生可能与有的菌种有关。图 2-136 为不同镰刀菌属真菌菌落特征和孢子形态。

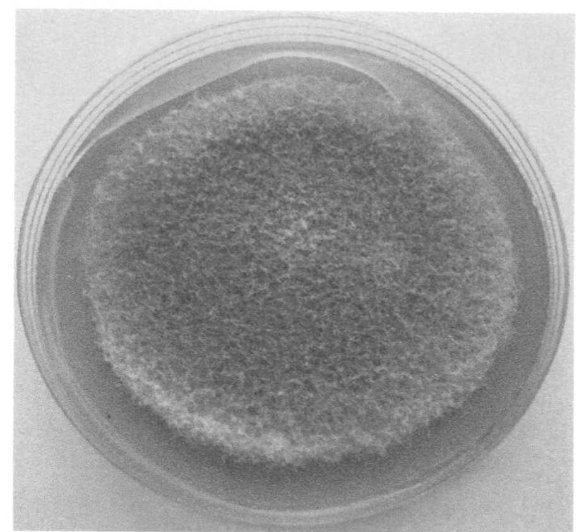

a. 尖孢镰刀菌（*Fusarium oxysporum*）

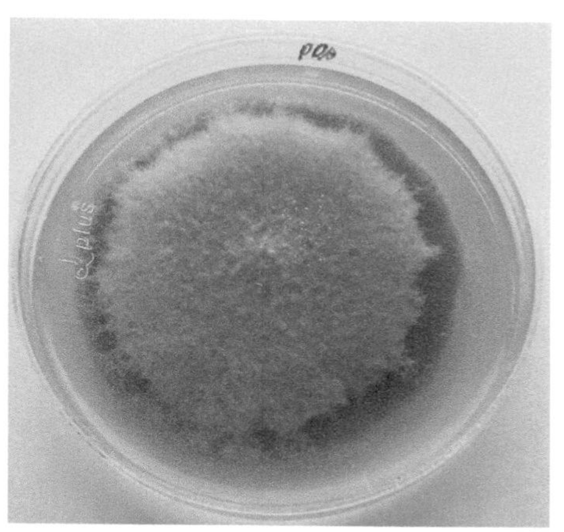

b. 串珠镰刀菌（*Fusarium moniliforme*）

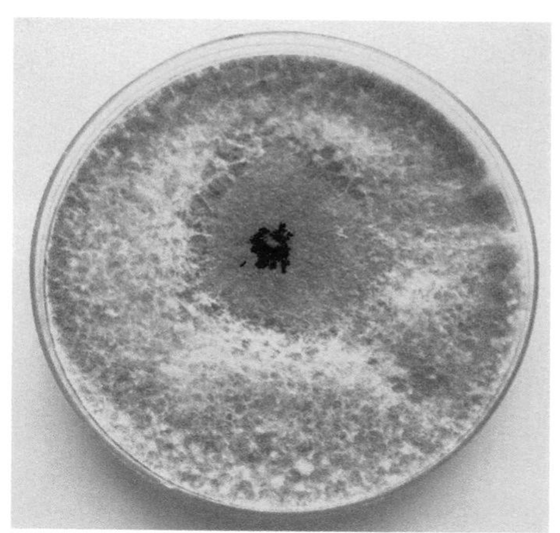

c. 梨孢镰刀菌（*Fusarium poae*）

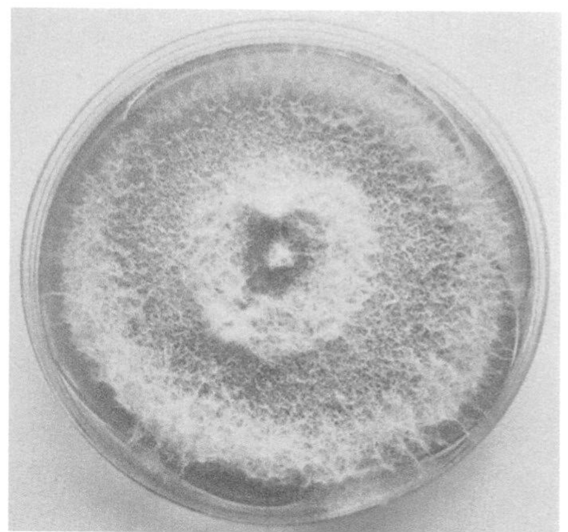

d. 三线镰刀菌（*Fusarium tricinctum*）

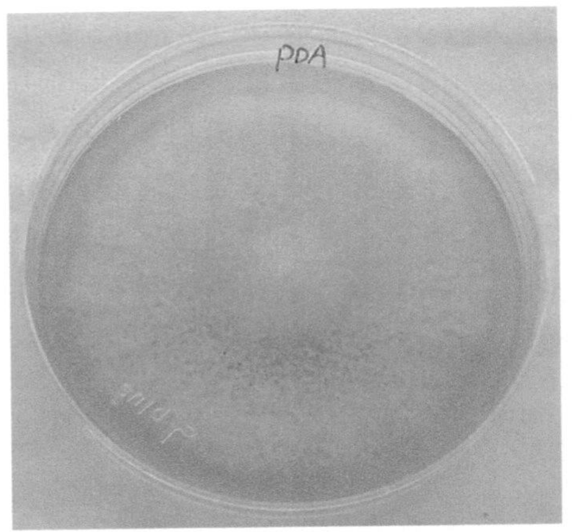

e. 禾谷镰刀菌（*Fusarium graminearum*）

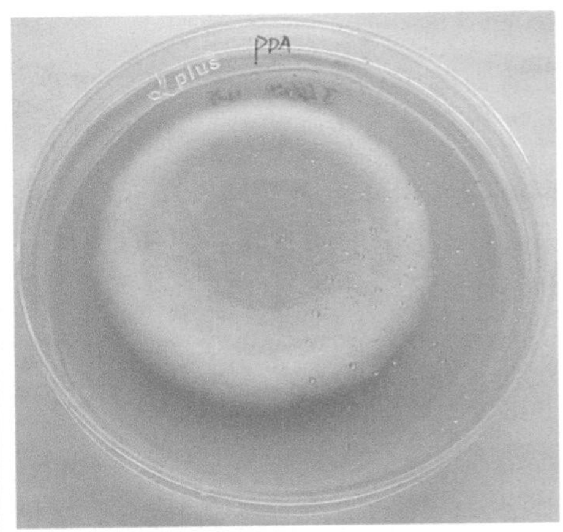

f. 雪腐镰刀菌（*Fusarium nivale*）

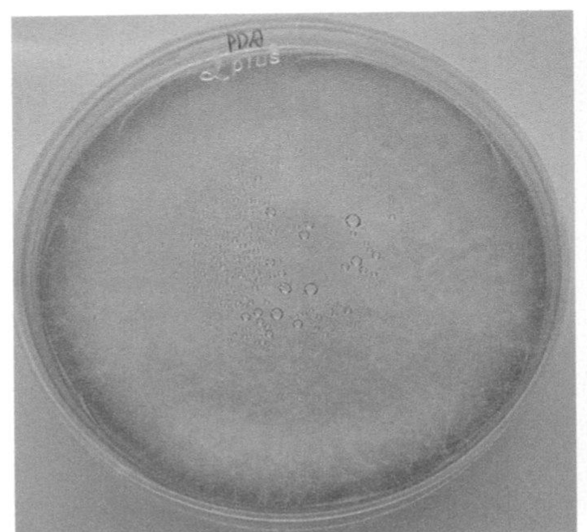

g. 木贼镰刀菌（*Fusarium equiseti*）

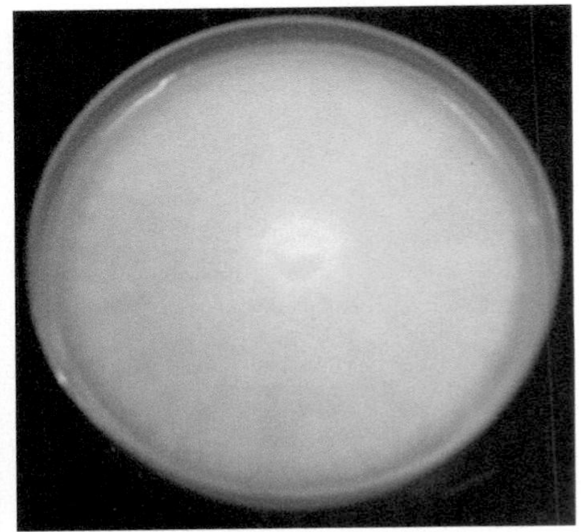

h. 茄病镰刀菌（*Fusarium solani*）

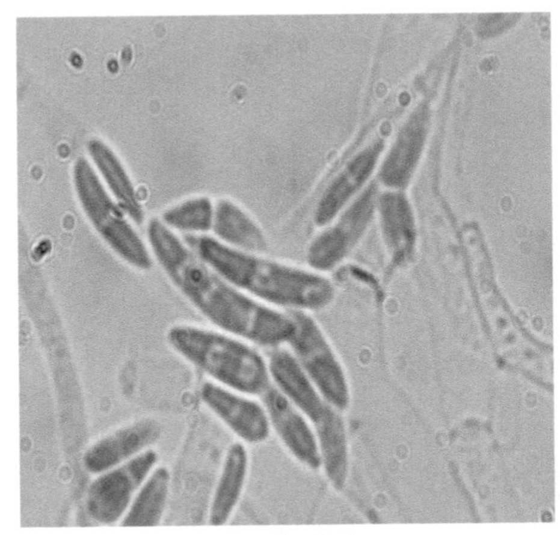

i. 梨孢镰刀菌孢子

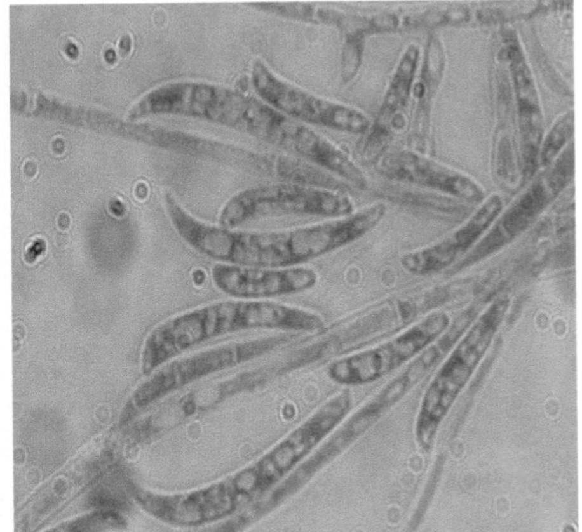

j. 木贼镰刀菌孢子

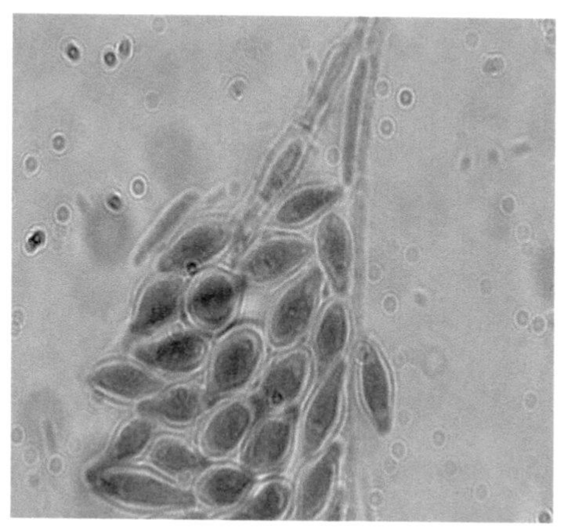
k. 三线镰刀菌孢子

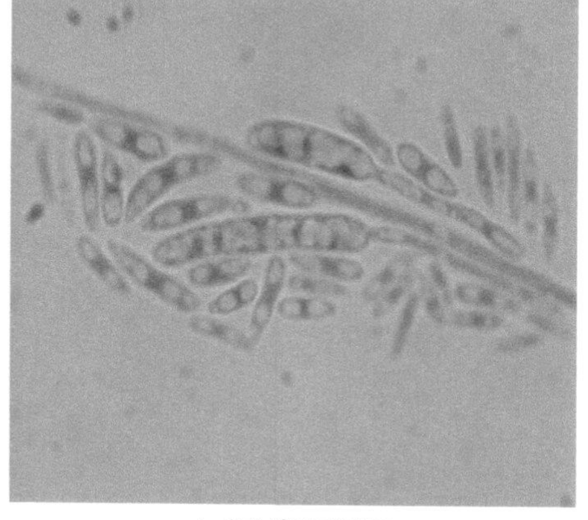
l. 串珠镰刀菌孢子

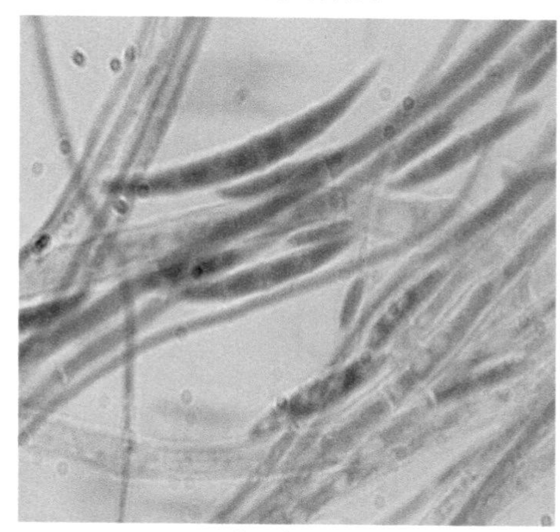
m. 禾谷镰刀菌孢子

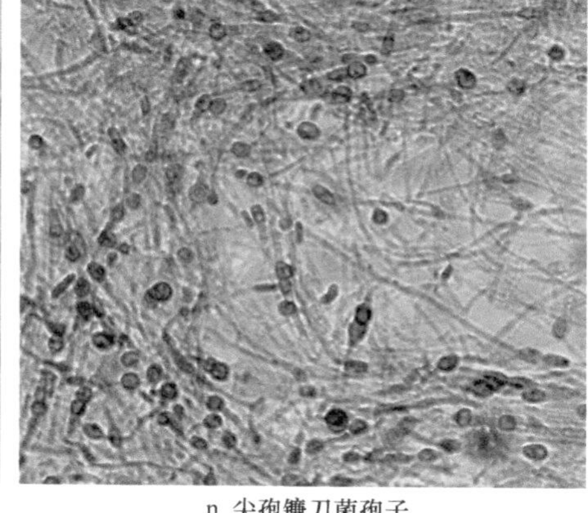
n. 尖孢镰刀菌孢子

图 2-136 镰刀菌属部分种的菌落特征和孢子形态

七、头孢霉属

头孢霉属（*Cephalosporium*）是半知菌亚门、丛梗孢目、丛梗孢科真菌中的一属。头孢霉属真菌中的某些种，如产黄头孢霉（*Acremonium chrysogenum*）、顶头孢霉（*Cephalosporium acremonium*）等可产生具有抗菌及抗癌活性的次生代谢产物——头孢菌素 C。图 2-137 为头孢霉属菌落特征和孢子形态。

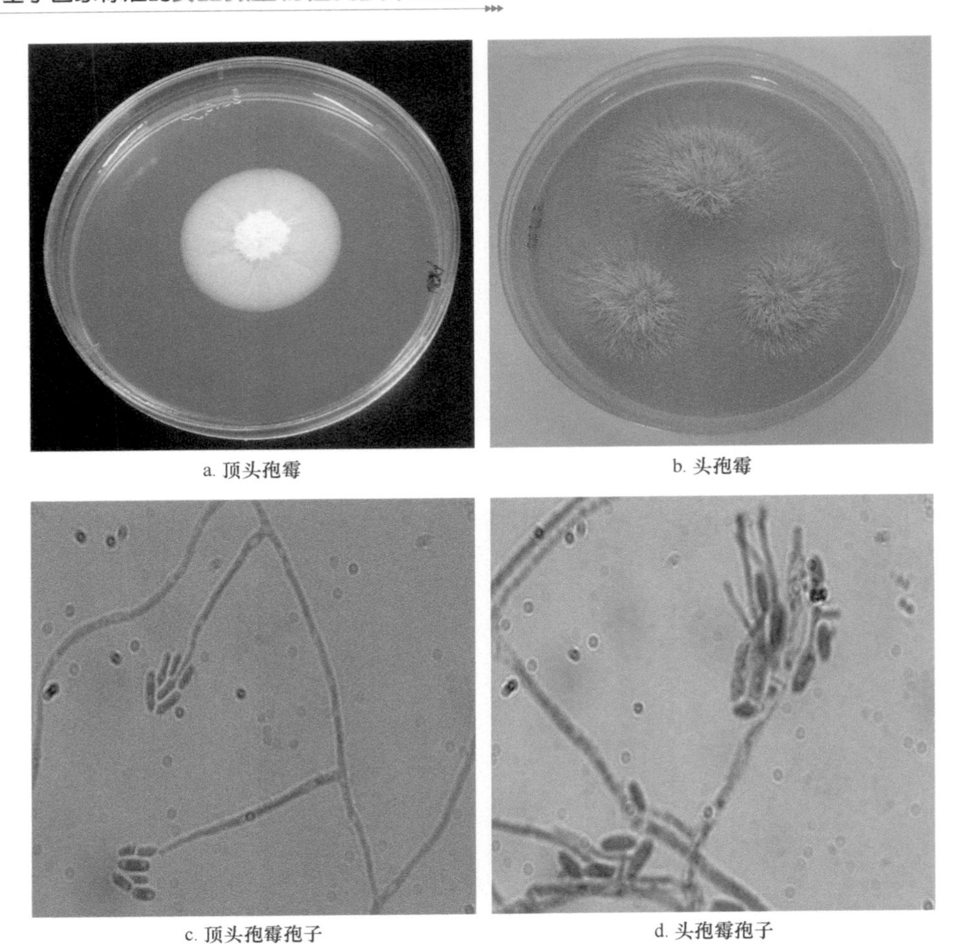

图 2-137　头孢霉属的菌落特征和孢子形态

八、单端孢霉属

单端孢霉属（*Trichothecium*）菌落薄，絮状蔓延，分生孢子梗直立，有隔，不分枝。孢子彼此连成串，梨形或倒卵形。该类菌能产生单端孢霉素，属于有毒性的单端孢霉烯族化合物。图 2-138 为粉红单端孢霉菌落特征和孢子形态。

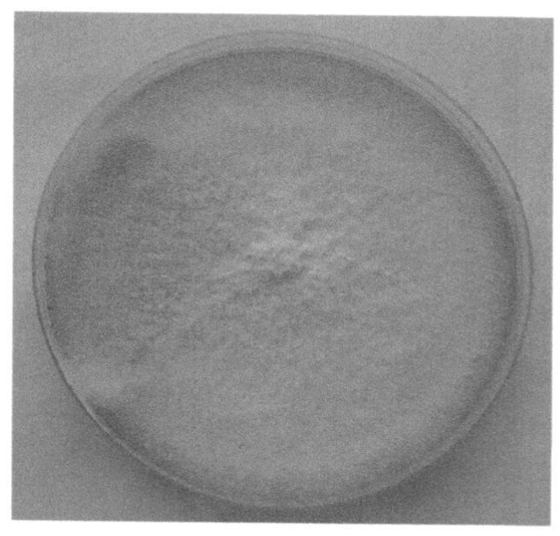

粉红单端孢霉

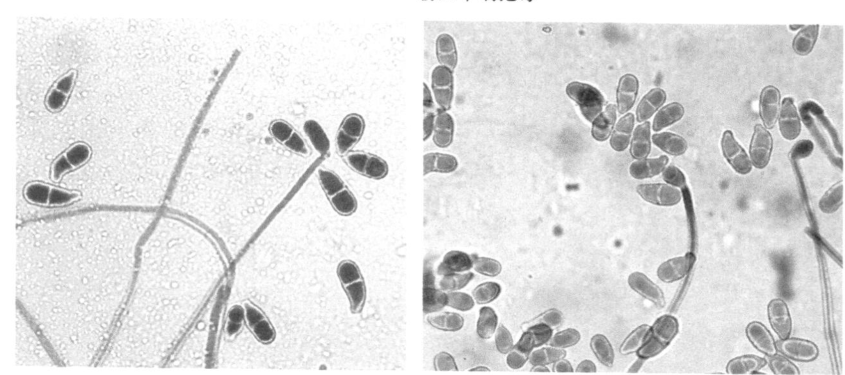

粉红单端孢霉孢子

图 2-138 粉红单端孢霉（*Trichothecium roseum*）菌落特征和孢子形态

第二十五节 酵 母 菌

酵母菌（yeast）是一通俗名称，没有确切定义。酵母菌是一群单细胞的真核微生物。一般认为酵母菌具有以下 5 个特点：①个体一般以单细胞状态存在；②多数出芽繁殖，也有的裂殖；③能发酵糖类产能；④细胞壁常含有甘露聚糖；⑤喜在含糖量较高、酸度较大的环境中生长。酵母菌形态因种不同而异，通常为圆形、卵圆形或椭圆形。也有特殊形态，如柠檬形、三角形、藕节状等。酵母菌种类较多，目前已知的有 500 多种。分布广，在水果、蔬菜、花蜜和植物叶片表面以及果园的土壤里都存在。牛奶、动物的排泄物及空气中也有酵母菌存在。大多数腐生，少数寄生。

根据 GB 标准，马铃薯葡萄糖琼脂（potato dextrose agar，PDA）中的马铃薯浸粉与葡萄糖提供菌体生长所需要的氮源和碳源，氯霉素可抑制细菌的生长。28℃培养 48h，酵母菌在 PDA 上生长成乳白色菌落，有凸起（图 2-139）。

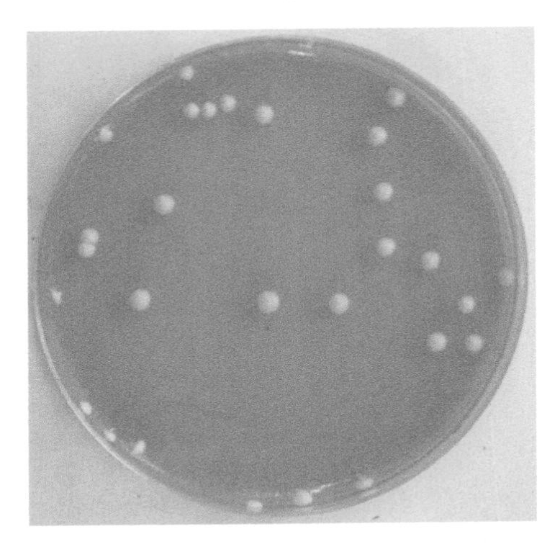

图 2-139　酵母菌在 PDA 上的菌落特征

根据 GB 和 SN 标准，孟加拉红培养基中的孟加拉红可抑制细菌的生长，也可限制繁殖快的霉菌菌落大小和高度，此外还可作为着色剂，霉菌或酵母菌吸收后便于菌落的观察，氯霉素可抑制细菌的生长。28℃培养 48h，酵母菌生长成红色菌落，有凸起（图 2-140）。

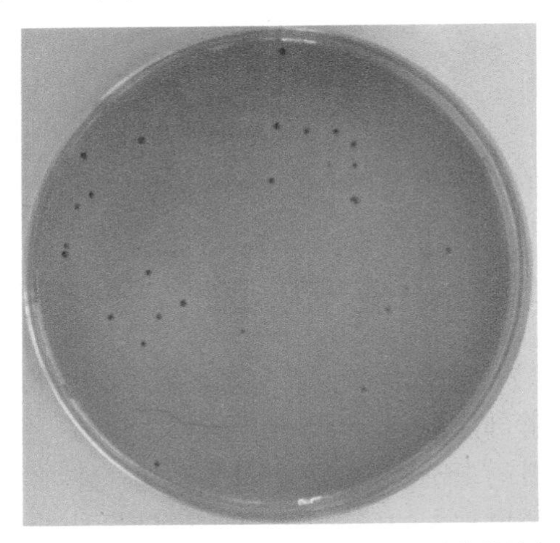

图 2-140　酵母菌在孟加拉红培养基上的菌落特征

麦芽浸膏琼脂（malt extract agar，MEA）中的麦芽浸膏里含有丰富的糖类物质（麦芽糖、葡萄糖和蔗糖），为菌体生长所需，此外培养基的酸性环境利于霉菌和酵母菌的生长。28℃培养 48h，酵母菌在 MEA 上生长成乳白色菌落，有凸起（图 2-141）。

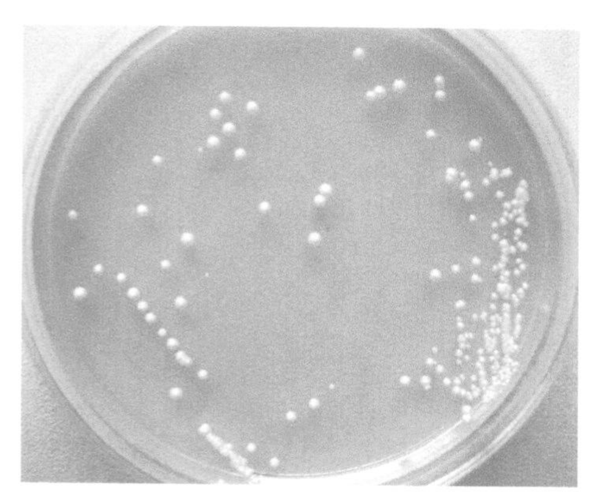

图 2-141　酵母菌在 MEA 上的菌落特征

根据 AOAC 方法，3M 霉菌酵母测试片（PYM）含有标准培养基，添加了抗生素，能够抑制细菌生长，培养时叠放片数小于 20 片，21 ~ 25℃培养 3 ~ 5 天。酵母菌判读：小型菌落，边界清晰，颜色均一，棕褐色至蓝绿色，菌落隆起，有立体感，计数范围 15 ~ 150cfu/g（图 2-142）。

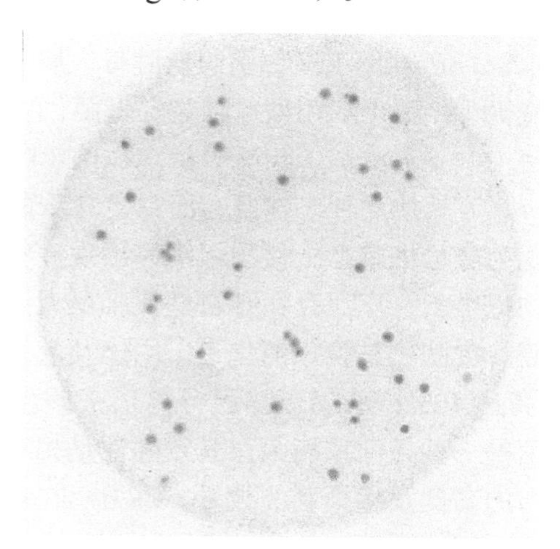

图 2-142　酵母菌在 3M PYM 上的菌落特征

3M 快速霉菌酵母测试片，含有营养成分、抗生素、指示剂。该测试片采用新的染色技术，便于酵母菌的计数，培养时叠放片数小于 20 片，培养时间 48 ~ 60h。酵母菌为有清晰边缘的小型菌落、浅棕褐色至蓝绿色、菌落有凸起、菌落颜色均匀、没有暗色中心，计数范围 15 ~ 150cfu/g（图 2-143）。

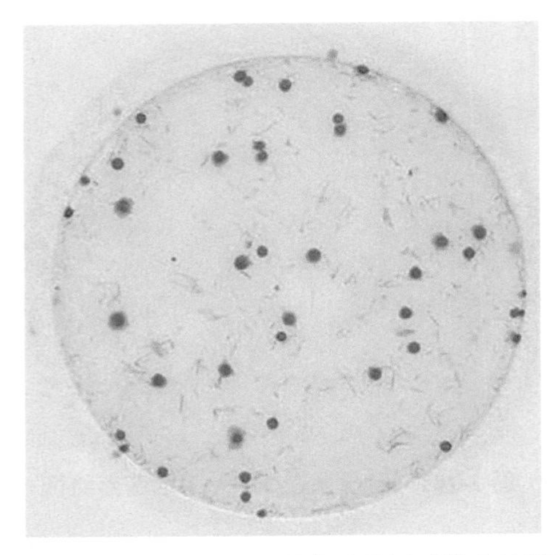

图 2-143 酵母菌在 3M 快速霉菌酵母测试片上的菌落特征

第二十六节 白色念珠菌

白色念珠菌（*Candida albicans*）又称白假丝酵母，属于半知菌亚门、芽孢菌纲、隐球酵母目、隐球酵母科，属于双相型单细胞酵母菌，它是念珠菌属的一个种。另外，还有热带念珠菌（*C. tropicalis*）、近平滑念珠菌（*C. parapsilosis*）、星形念珠菌（*C. stellatoidea*）等其他几种念珠菌，而白色念珠菌的致病性最强。在人体中，无症状时常表现为酵母细胞型；侵犯组织和出现症状时常表现为菌丝型。白色念珠菌是一种腐物寄生菌，广泛存在于自然界，是人体正常菌群之一，平时主要生存于人体的口腔、皮肤、黏膜、消化道、阴道及其他脏器中。正常人群白色念珠菌的带菌率可高达 40%；从阴道黏膜分离出来的念珠菌 85%～90% 为白色念珠菌。白色念珠菌是一种条件致病菌，其致病性是相对的。侵入人体后是否发病取决于人体免疫力的高低及感染菌的数量、毒力。在正常情况下，寄生在人体内的念珠菌呈酵母细胞型，一般不致病。在机体某些生理、病理因素影响下，体内环境改变，机体抵抗力或免疫力降低时，念珠菌就会大量繁殖发展为菌丝型，侵犯组织，达到一定量时，人体就会发病，引起临床症状。

在马铃薯葡萄糖琼脂（PDA）上，白色念珠菌的典型特征为乳白色菌落，有凸起（图 2-144）。

白色念珠菌在葡萄糖氯霉素（yeast extract glucose chloramphenicol，YGC）琼脂上与 PDA 上相似，典型特征为乳白色菌落，有凸起（图 2-145）。

玫瑰红钠琼脂中玫瑰红钠作为一种选择性的抑菌剂可抑制细菌的生长，同时能被霉菌及白色念珠菌等酵母菌吸收富集而便于计数。白色念珠菌在玫瑰红钠琼脂上的典型特征为红色菌落，有凸起（图 2-146）。

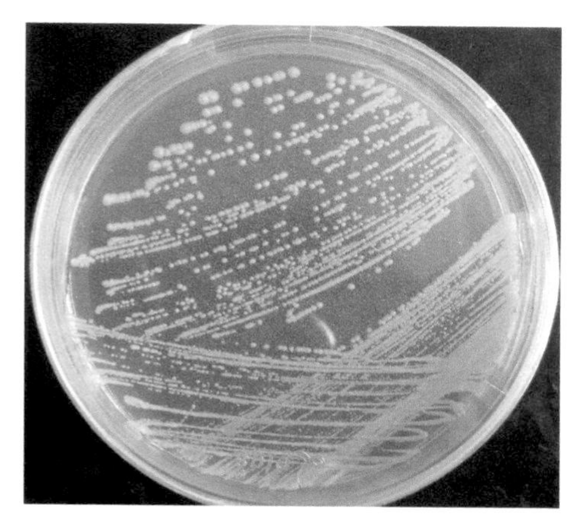

图 2-144 白色念珠菌在 PDA 上的菌落特征

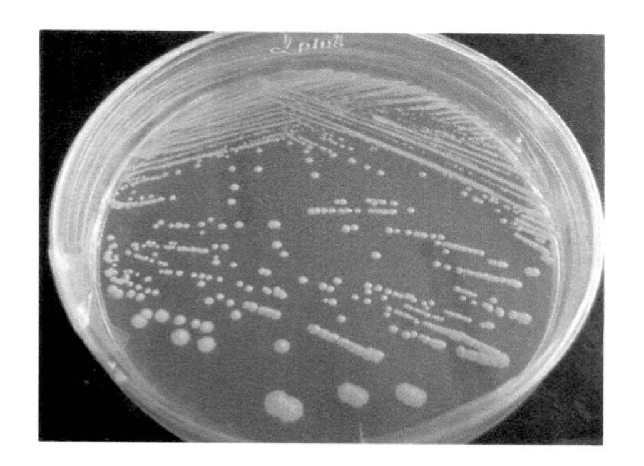

图 2-145 白色念珠菌在 YGC 琼脂上的菌落特征

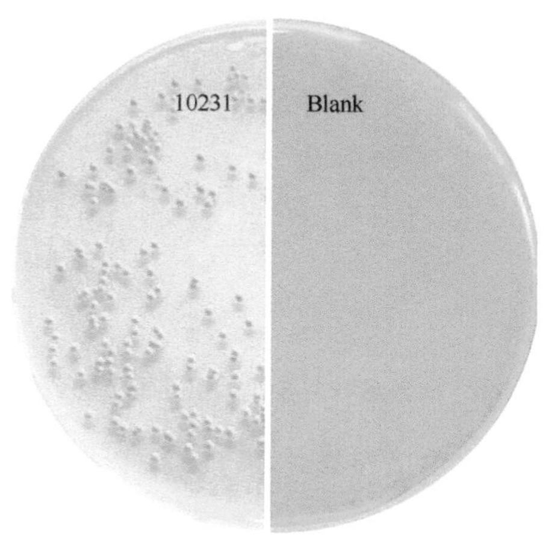

图 2-146 白色念珠菌在玫瑰红钠琼脂上的菌落特征

Blank. 空白培养基；10231. 白色念珠菌

玉米琼脂粉培养基中的玉米浸粉作为基础营养物提供菌体生长所需要的碳源、氮源及其他营养元素。在该培养基上，白色念珠菌典型特征为白色菌落，有凸起（图 2-147）。

图 2-147　白色念珠菌在玉米琼脂粉上的菌落特征

沙氏培养基中的蛋白胨提供菌体生长所需的氮源和碳源，葡萄糖作为能源。白色念珠菌在沙氏培养基上的典型特征为黄色菌落，有凸起（图 2-148）。

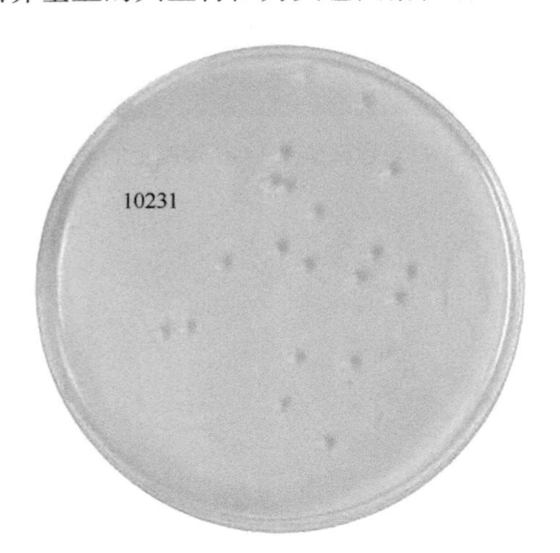

图 2-148　白色念珠菌在沙氏培养基上的菌落特征

在科玛嘉白色念珠菌显色培养基上，白色念珠菌典型特征为蓝色菌落，有凸起（图 2-149）。

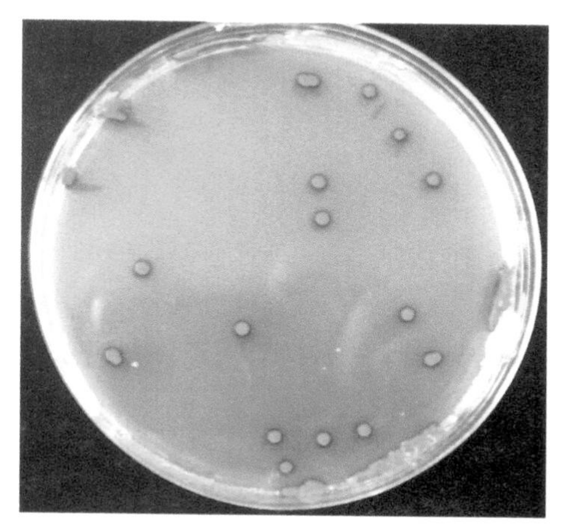

图 2-149　白色念珠菌在科玛嘉显色培养基上的菌落特征

第三章
细菌的生化试验

第一节　生化试验原理

新陈代谢是生物有机体的基本特征之一，是生命活动中一切生化反应的总称。它包括物质的分解代谢和合成代谢。细菌吸收了外界的营养，在酶的作用下将其分解，再在酶的作用下合成细菌菌体的成分。各种细菌所具有的酶系统不尽相同，对营养基质的分解能力也不一样，因而代谢产物或多或少地各有区别，可供鉴别细菌之用。通过检测细菌系统及代谢产物的生理特性，用生化试验的方法检测细菌对各种基质的代谢作用及其代谢产物，从而鉴别细菌的种属，称为细菌的生化反应。

生化试验可以分为糖代谢试验、蛋白质代谢试验、盐利用试验和呼吸酶类试验4类。糖代谢试验包括：克氏双糖铁（KIA）及三糖铁（TSI）试验、糖（醇、苷）类发酵试验、氧化发酵（oxidation-fermentation，O-F）试验、V-P试验和甲基红试验。蛋白质代谢试验包括：蛋白质水解试验、硫化氢试验、吲哚试验、氨基酸脱羧酶试验、苯丙氨酸脱氨试验、尿素酶试验。盐利用试验包括：柠檬酸盐试验、丙二酸盐试验、硝酸盐还原试验。呼吸酶类试验包括：氧化酶试验、细胞色素氧化酶试验。

一、克氏双糖铁（KIA）及三糖铁（TSI）试验

由克氏双糖铁（KIA）或三糖铁（TSI）琼脂培养基制成高层斜面，其中葡萄糖含量仅为乳糖或蔗糖的1/10。若细菌只分解葡萄糖而不分解乳糖和蔗糖，则会产酸使pH降低，因此斜面和底层均先呈黄色，但因葡萄糖量较少，所生成的少量酸可因接触空气而氧化，并因细菌生长繁殖利用含氮物质生成碱性化合物，使斜面部分又变成红色；底层由于处于缺氧状态，细菌分解葡萄糖所生成的酸类一时不被氧化而仍保持黄色。若细菌均可以分解葡萄糖、乳糖或蔗糖，则会产酸产气，使斜面与底层均呈黄色，且有气泡。若细菌可产生硫化氢，则可与培养基中的硫酸亚铁作用，形成黑色的硫化铁。常见的KIA和TSI反应有如下几种：①斜面碱性/底层碱性。不发酵碳水化合物，系非发酵菌的特征，如铜绿假单胞菌。②斜面碱性/底层酸性。葡萄糖发酵但KIA中的乳糖或TSI中的乳糖、蔗糖不发酵，是不发酵乳糖菌的特征，如志贺氏菌属。③斜面碱性/底层酸性（黑色）。葡萄糖发酵、乳糖不发酵并产生硫化氢，是产生硫化氢不发酵乳糖菌的特征，如

沙门氏菌属、柠檬酸杆菌属和变形杆菌属等。④斜面酸性 / 底层酸性。葡萄糖、乳糖及 TSI 中的蔗糖发酵，是发酵乳糖的大肠菌群的特征，如大肠埃希氏菌和克雷伯氏菌属（图 3-1）。

图 3-1　三糖铁（TSI）试验

51571. 福氏志贺氏菌；44104. 大肠埃希氏菌；50071. 伤寒沙门氏菌；Blank. 空白管

二、尿素酶（urease）试验

有些细菌能产生尿素酶，将尿素分解，产生 2 个分子的氨，使培养基变为碱性，指示剂酚红由黄色变为粉红色。尿素酶不是诱导酶，因为无论底物尿素是否存在，细菌均能合成此酶。其活性最适 pH 为 7.0（图 3-2）。

图 3-2　尿素酶试验

Blank. 空白管；44104. 大肠埃希氏菌（阴性）；49005. 奇异变形杆菌（阳性）；46114. 肺炎克雷伯氏菌（阳性）；50115. 鼠伤寒沙门氏菌（阴性）

三、糖（醇、苷）类发酵试验

不同的细菌含有发酵不同糖（醇、苷）类的酶，因而发酵糖（醇、苷）类的能力各不相同。其产生的代谢产物亦不相同，如有的产酸产气，有的产酸不产气。酸的产生可利用指示剂来判定。若培养基含溴甲酚紫，当发酵产酸时，可使培养基由紫色变为黄色；若培养基中含有溴麝香草酚蓝，则培养基颜色由蓝色变为黄色。气体产生可由发酵管中倒置的小倒管中有无气泡来证明。糖（醇、苷）类发酵试验，是鉴定细菌的生化反应试验中最主要的试验，不同细菌可发酵不同的糖（醇、苷）类，如沙门氏菌可发酵葡萄糖，但不能发酵乳糖，大肠埃希氏菌则可发酵葡萄糖和乳糖。即使是两种细菌均可发酵同一种糖类，其发酵结果也不尽相同，如志贺氏菌和大肠埃希氏菌均可发酵葡萄糖，但前者仅产酸，而后者则产酸、产气，故可利用此试验鉴别细菌（图 3-3）。

a. 葡萄糖发酵试验
44104. 大肠埃希氏菌（阳性）；50115. 鼠伤寒沙门氏菌（阳性）；51571. 福氏志贺氏菌（阳性）；Blank. 空白管

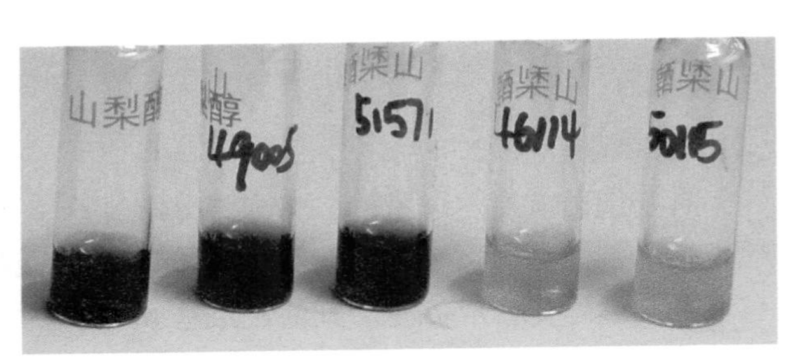

b. 山梨醇发酵试验
第1管为空白管；49005. 奇异变形杆菌（阴性）；51571. 福氏志贺氏菌（阴性）；46114：肺炎克雷伯氏菌（阳性）；50115. 鼠伤寒沙门氏菌（阳性）

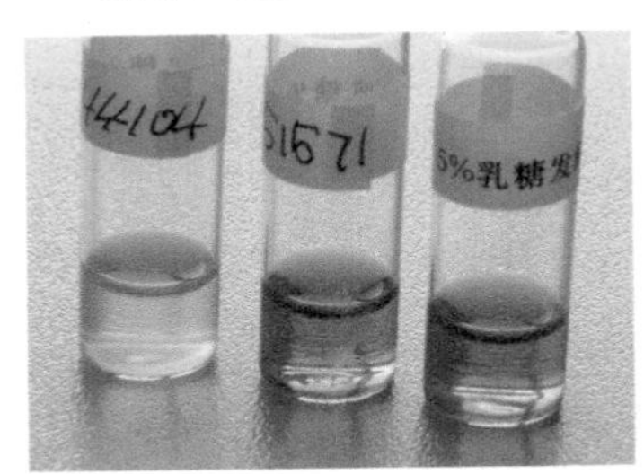

c. 乳糖发酵试验
44104. 大肠埃希氏菌（阳性）；51571. 福氏志贺氏菌（阴性）；第3管为空白管

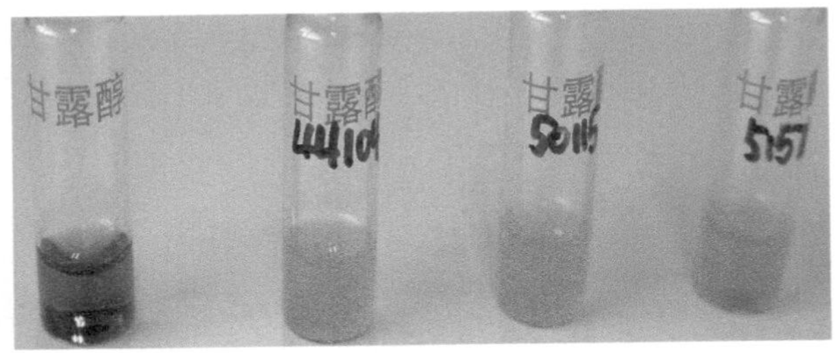

d. 甘露醇发酵试验
第1管为空白管；44104. 大肠埃希氏菌（阳性）；50115. 鼠伤寒沙门氏菌（阳性）；51571. 福氏志贺氏菌（阳性）

49005　50115　44104　Blank

e. 卫矛醇发酵试验
49005. 奇异变形杆菌（阴性）；50115. 鼠伤寒沙门氏菌（阳性）；44104. 大肠埃希氏菌（阴性）；Blank. 空白管

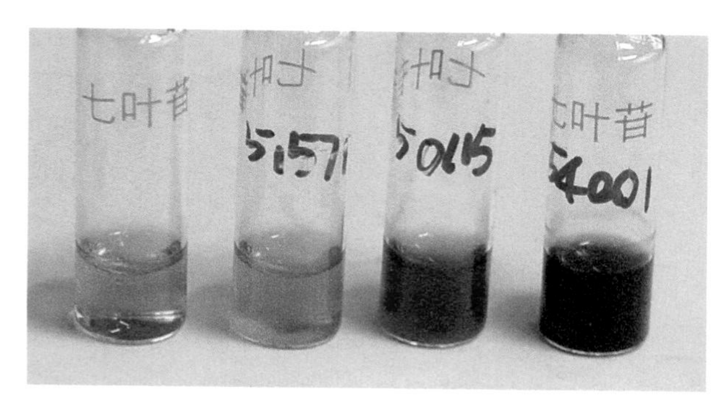

f. 七叶苷利用试验
第1管为空白管；51571. 福氏志贺氏菌（阴性）；50115. 鼠伤寒沙门氏菌（阴性）；54001. 单增李斯特氏菌（阳性）

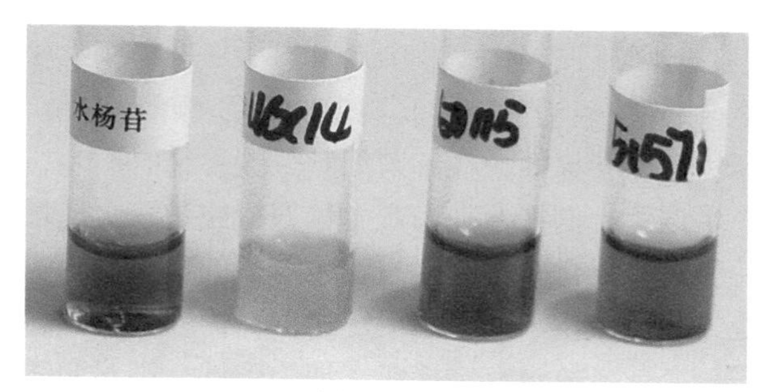

g. 水杨苷利用试验
第1管为空白管；46114. 肺炎克雷伯氏菌（阳性）；50115. 鼠伤寒沙门氏菌（阴性）；51571. 福氏志贺氏菌（阴性）

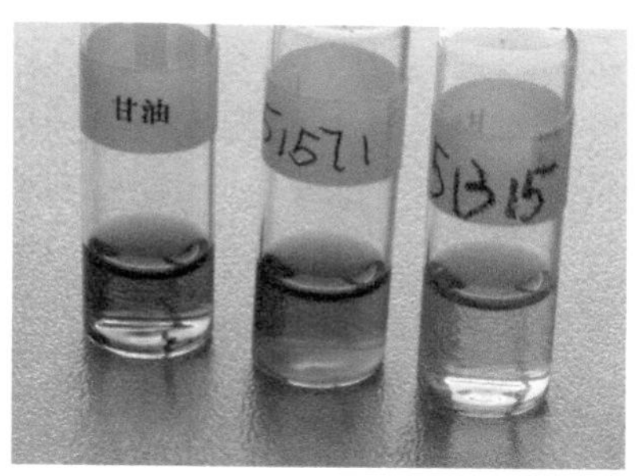

h. 甘油利用试验
第1管为空白管；51571. 福氏志贺氏菌（阴性）；51315. 鲍氏志贺氏菌（迟缓发酵，阳性）

图 3-3　糖（醇、苷）类发酵试验

常用于细菌糖发酵试验的糖（醇、苷）类如下所述。

1. 糖类

（1）单糖。①四碳糖：赤藓糖；②五碳糖：核糖、核酮糖、木糖、阿拉伯糖；③六碳糖：葡萄糖、果糖、半乳糖、甘露糖。

（2）双糖：蔗糖（葡萄糖＋果糖）、乳糖（葡萄糖＋半乳糖）、麦芽糖（2分子葡萄糖）。

（3）三糖：棉子糖（葡萄糖＋果糖＋半乳糖）。

（4）多糖：菊糖（多分子果糖）、淀粉。

2. 醇类

侧金盏花醇、卫矛醇、甘露醇、山梨醇、肌醇。

3. 苷类

七叶苷、水杨苷。

四、黏液酸利用试验

有些细菌如大肠埃希氏菌能够利用黏液酸，分解其产酸，pH 降低，使肉汤变黄（图 3-4）。

图 3-4　黏液酸利用试验

第 1 管为空白管；44381. 大肠埃希氏菌（阳性）

五、氨基酸脱羧酶试验

细菌利用培养基成分中的葡萄糖产酸，可为氨基酸脱羧创造所需的酸性环境。另外，脱羧酶是一种诱导酶，对底物具有特异性，在细菌细胞分裂终结时产生，在没有相应氨基酸的培养基中不产生该酶。例如，细菌产生赖氨酸脱羧酶，使培养基中的赖氨酸脱羧产生尸胺，并释放二氧化碳，这一过程培养基的颜色变化为先由紫色变为黄色，又在脱羧后变为紫色（指示剂为溴甲酚紫）；而不含赖氨酸的氨基酸脱羧酶培养基变黄后不会再变紫。故观察结果时，如为阳性，则对照管为黄色，试验管为紫色；如为阴性，则对照管和试验管均为黄色。在使用时，须同时接种一支氨基酸脱羧酶对照管，且接种后两管都要滴加无菌的液状石蜡覆盖液面。细菌鉴定时常用的两种氨基酸脱羧酶试验为赖氨酸脱羧酶试验和鸟氨酸脱羧酶试验（图 3-5）。

六、精氨酸双水解酶试验

精氨酸经过 2 次水解后，生成鸟氨酸、氨及二氧化碳。鸟氨酸又在脱羧酶的作用下生成腐胺。氨及腐胺均为碱性物质，故可使培养基变碱。溴甲酚紫指示剂呈紫色为阳性，酚红指示剂呈红色为阳性，黄色为阴性。主要用于肠杆菌科及假单胞菌属的鉴定。阳性反应试验管变紫，对照变黄；阴性反应试验管变黄，对照变黄（图 3-6）。

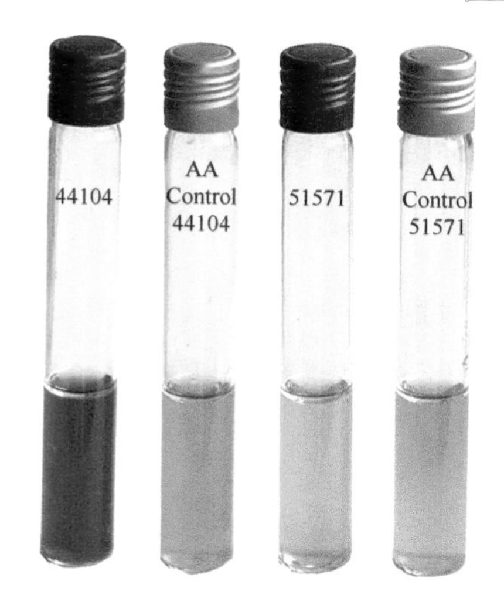

图 3-5 氨基酸（赖氨酸）脱羧酶试验

44104. 大肠埃希氏菌（阳性），AA Control 44104. 大肠埃希氏菌对照管；51571. 福氏志贺氏菌（阴性），AA Control 51571. 福氏志贺氏菌对照管

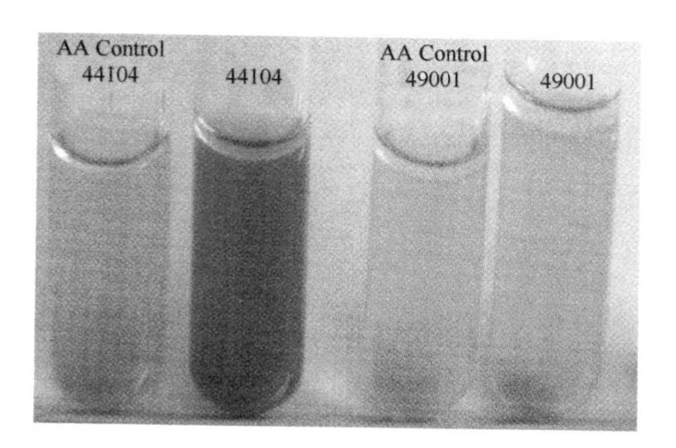

图 3-6 精氨酸双水解酶试验

AA Control 44104. 大肠埃希氏菌对照管，44104. 大肠埃希氏菌（阳性）；AA Control 49001. 普通变形杆菌对照管，49001. 普通变形杆菌（阴性）

七、甲基红（methyl red）试验（MR 试验）

很多细菌，如大肠埃希氏菌等分解葡萄糖产生丙酮酸，丙酮酸再被分解，产生甲酸、乙酸、乳酸等，使培养基的pH降低到4.2以下，这时若加入甲基红指示剂，呈现红色。因甲基红指示剂变色范围是 pH4.4（红色）~6.2（黄色），若某些细菌如产气肠杆菌，分解葡萄糖产生丙酮酸，但很快将丙酮酸脱羧，转化成醇等物质，则培养基的pH仍在6.2以上，故此时加入甲基红指示剂，呈现黄色（图 3-7）。

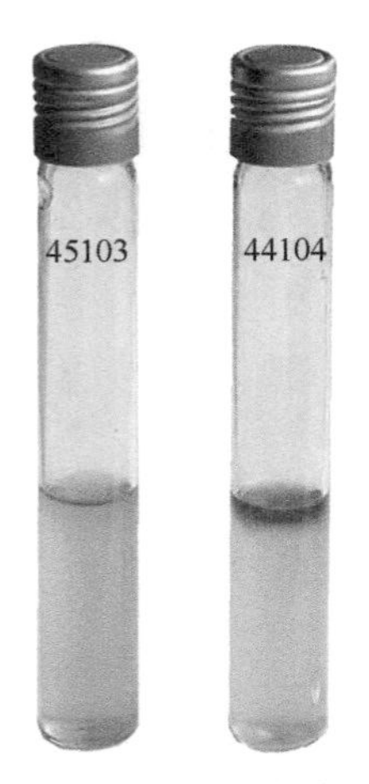

图 3-7　MR 试验

45103. 产气肠杆菌（阴性）；44104. 大肠埃希氏菌（阳性）

八、V-P 试验

某些细菌在葡萄糖蛋白胨水培养基中能分解葡萄糖产生丙酮酸，丙酮酸缩合，脱羧成乙酰甲基甲醇，后者在强碱环境下，被空气中的氧气氧化为二乙酰，二乙酰与蛋白胨中的胍基生成红色化合物，称为 V-P 反应（图 3-8）。

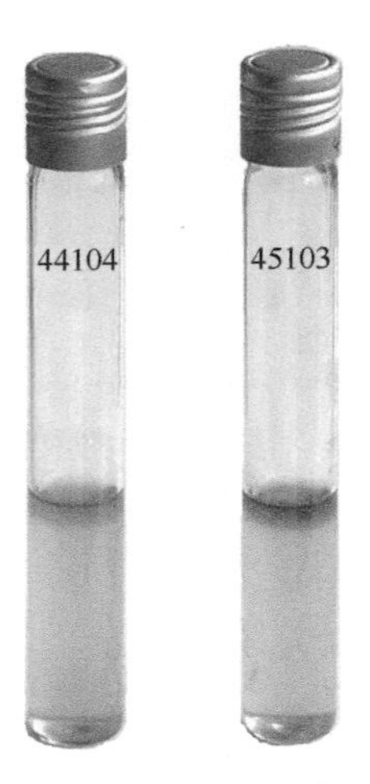

图 3-8　V-P 试验

44104. 大肠埃希氏菌（阴性）；45103. 产气肠杆菌（阳性）

九、吲哚试验

某些细菌（如大肠埃希氏菌）能分解蛋白质中的色氨酸，产生靛基质（吲哚），靛基质与对二甲基氨基苯甲醛结合，形成玫瑰色靛基质（红色化合物）（图 3-9）。

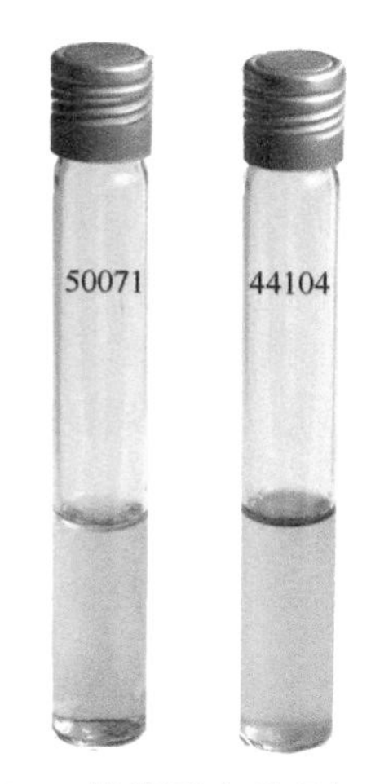

图 3-9 靛基质（吲哚）试验

50071. 伤寒沙门氏菌（阴性）；44104. 大肠埃希氏菌（阳性）

十、硫化氢试验

某些细菌（如副伤寒沙门氏菌）能分解含硫的氨基酸（甲硫氨酸、胱氨酸、半胱氨酸等），产生硫化氢，硫化氢与培养基中的铅盐或铁盐反应，形成黑色沉淀硫化铅或硫化铁。培养基中的硫代硫酸钠为还原剂，能保持还原环境，使硫化氢不致被氧化。当所供应的氧足以满足细胞代谢时，则不会产生硫化氢，因此不能使用通气过多的培养方式。当细菌穿刺接种试管斜面后，只在试管底部（厌氧状态）产生硫化氢。

十一、明胶液化试验

某些细菌具有胶原酶，使明胶分解，失去凝固能力，呈现液体状态。观察结果时，应将明胶培养基轻轻放入 4℃冰箱 30min，此时明胶又凝固。若放置于冰箱 30min 仍不凝固者，说明明胶被试验细菌液化，是为阳性（图 3-10）。

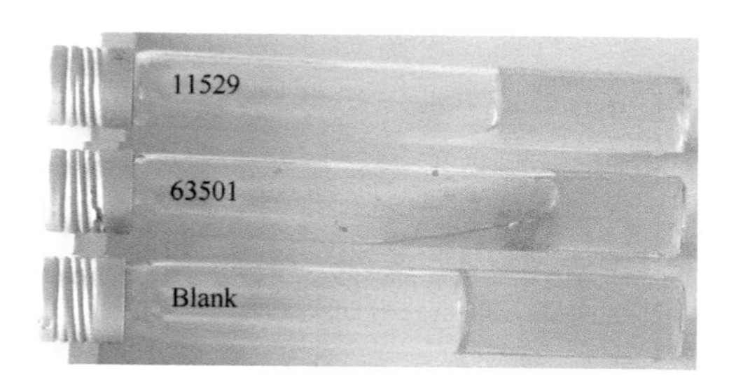

图 3-10 明胶液化试验

11529. 金黄色葡萄球菌（阳性）；63501. 枯草芽孢杆菌（阳性）；Blank. 空白管

十二、柠檬酸盐利用试验

柠檬酸盐培养基是一种综合性培养基，其中柠檬酸钠为碳的唯一来源，而磷酸二氢铵是氮的唯一来源。有的细菌如产气肠杆菌，能利用柠檬酸钠为碳源，因此能在柠檬酸盐培养基上生长，并分解柠檬酸盐后产生碳酸盐，使培养基变为碱性。此时培养基中的溴麝香草酚蓝指示剂由绿色变为深蓝色。不能利用柠檬酸盐为碳源的细菌，在该培养基上不生长，培养基不变色（图 3-11）。

图 3-11　柠檬酸盐利用试验

Blank. 空白管；50115. 鼠伤寒沙门氏菌（阳性）；44104. 大肠埃希氏菌（阴性）；45103. 产气肠杆菌（阳性）

十三、硝酸盐（nitrate）还原试验

有些细菌具有还原硝酸盐的能力，可将硝酸盐还原为亚硝酸盐、氨或氮气等。亚硝酸盐的存在可用硝酸试剂检验。试验方法：将试剂 A（磺胺酸冰醋酸溶液）和 B（α- 萘胺乙醇溶液）各 0.2ml 等量混合，取混合试剂约 0.1ml 加于液体培养物或琼脂斜面培养物表面。结果判断：立即或于 10min 内呈现红色即为试验阳性；若无红色出现，再加入少许锌粉，如仍不变为红色者为阳性，表示培养基中的硝酸盐已被细菌还原为亚硝酸盐，进而分解成氨和氮。加锌粉变为红色者为阴性，表示硝酸盐未被细菌还原，红色反应是锌粉的还原所致。用 α- 萘胺进行试验时，阳性红色消退得很快，故加入后应立即判定结果。进行试验时必须有未接种的培养基管作为阴性对照。α- 萘胺具有致癌性，故使用时应多加注意（图 3-12）。

图 3-12 硝酸盐还原试验

44104. 大肠埃希氏菌（阳性）；10211. 铜绿假单胞菌（阴性）；Blank. 空白管

十四、氧化酶（oxidase）试验

氧化酶亦即细胞色素氧化酶，为细胞色素呼吸酶系统的终末呼吸酶，氧化酶先使细胞色素 c 氧化，然后此氧化型细胞色素 c 再使对氨基二甲基苯胺（para-aminodimethylaniline hydrochloride）氧化，产生颜色反应。试验方法：利用氧化酶试纸或在琼脂斜面培养物上或血琼脂平板菌落上滴加试剂 1 ~ 2 滴，阳性者 Kovacs 试剂呈粉红色至深紫色，Ewing 改进试剂呈蓝色，阴性者无颜色改变。应在数分钟内判定试验结果（图 3-13）。

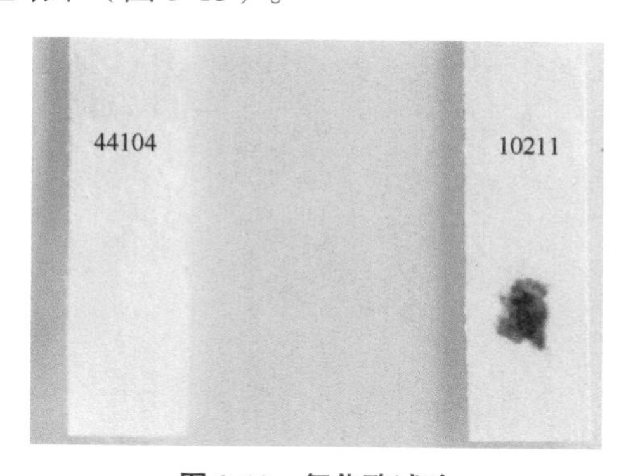

图 3-13 氧化酶试验

44104. 大肠埃希氏菌（阴性）；10211. 铜绿假单胞菌（阳性）

十五、硫化氢 – 靛基质 – 动力（SIM）试验

以接种针挑取菌落或纯养物穿刺接种 SIM 琼脂约 1/2 深度，置（36 ± 1）℃培养 18 ~ 24h，观察结果。培养物呈现黑色为硫化氢阳性，混浊或沿穿刺线向外

生长为有动力；然后加 Kovacs 试剂数滴于培养物表面，静置 10min，若试剂呈红色为靛基质阳性。培养基未接种的下部，可作为对照（图 3-14）。

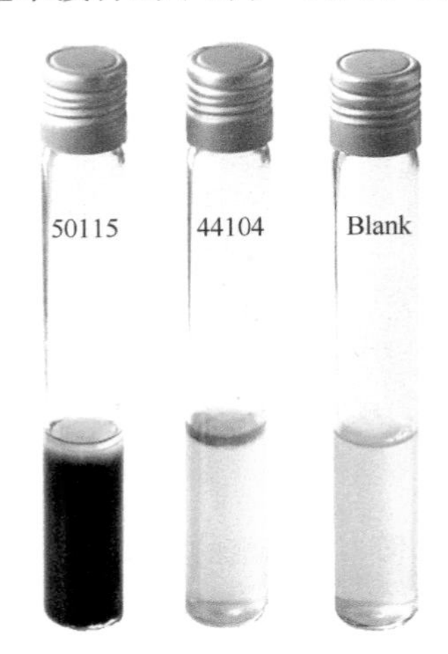

图 3-14　硫化氢 - 靛基质 - 动力试验

50115. 鼠伤寒沙门氏菌（硫化氢阳性）；44104. 大肠埃希氏菌（靛基质阳性）；Blank. 空白管

十六、苯丙氨酸脱氨试验

某些细菌（如变形杆菌）具有苯丙氨酸脱氨酶，能将苯丙氨酸氧化脱氨，形成苯丙酮酸，苯丙酮酸遇到三氯化铁呈蓝绿色（图 3-15）。本试验用于肠杆菌科和某些芽孢杆菌属的鉴定。

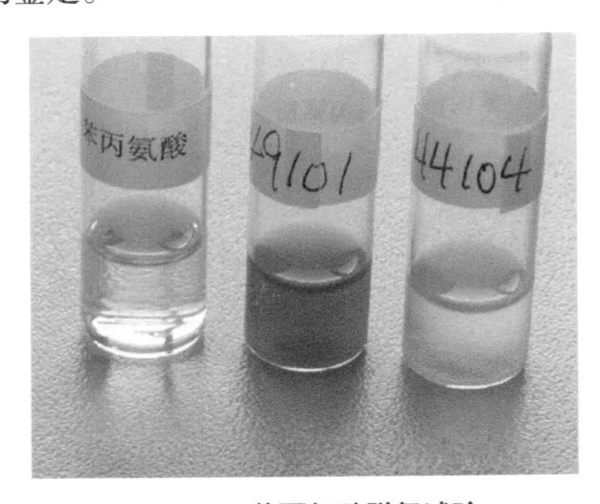

图 3-15　苯丙氨酸脱氨试验

第 1 管为空白管；49101. 普通变形杆菌（阳性）；44104. 大肠埃希氏菌（阴性）

十七、β- 半乳糖苷酶（ONPG）试验

乳糖发酵过程中需要乳糖通透酶和 β- 半乳糖苷酶才能快速分解。有些细菌只有半乳糖苷酶，因而只能迟缓发酵乳糖，所有乳糖快速发酵和迟缓发酵的细菌均可快速水解邻硝基酚 -β-D- 半乳糖苷（*O*-nitrophenyl-β-D-galactopyranoside，

ONPG）而生成黄色的邻硝基酚（图 3-16）。本试验可用于柠檬酸杆菌属与沙门氏菌属的鉴别。

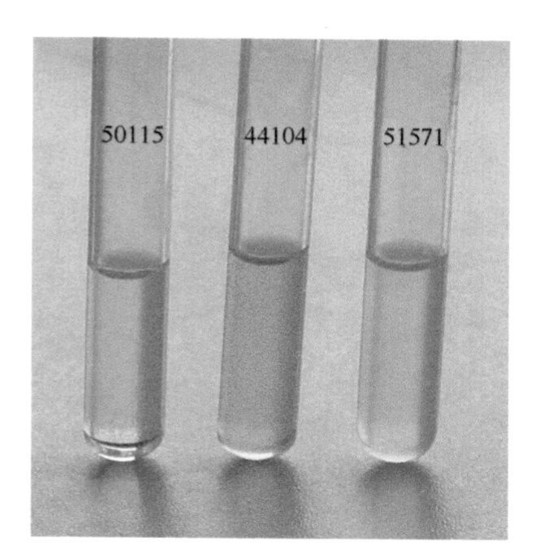

图 3-16　β- 半乳糖苷酶（ONPG）试验

50115. 鼠伤寒沙门氏菌（阴性）；44104. 大肠埃希氏菌阳性（阳性）；51571. 福氏志贺氏菌（阴性）

十八、丙二酸盐的利用

丙二酸盐是三羧酸循环中琥珀酸脱氢酶的抑制剂。能否利用丙二酸盐，是细菌鉴定中的一个鉴别特征。许多微生物代谢有三羧酸循环，而琥珀酸脱氢是三羧酸循环的一个环节，丙二酸盐与琥珀酸竞争琥珀酸脱氢酶，由于丙二酸盐不被分解，琥珀酸脱氢酶被占据，不能释放出来催化琥珀酸脱氢反应，抑制了三羧酸循环。该生化试验的培养基中添加了溴百里酚蓝，如果细菌在测定培养基上生长并变为蓝色，为阳性。反之，如果测定培养基未变色，而空白对照培养基生长，则为阴性，即不利用丙二酸盐（图 3-17）。

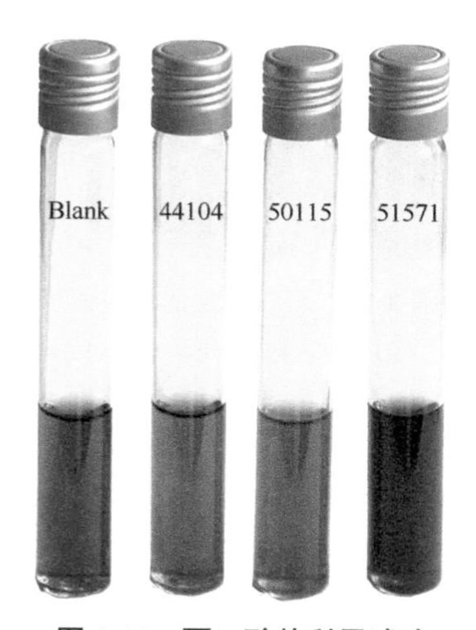

图 3-17　丙二酸盐利用试验

Blank. 空白管；44104. 大肠埃希氏菌（阴性）；50115. 鼠伤寒沙门氏菌（阴性）；51571. 福氏志贺氏菌（阳性）

十九、乙酸盐的利用

细菌利用铵盐作为唯一氮源，同时，利用乙酸盐作为唯一碳源时，可在乙酸盐培养基上生长，分解乙酸盐生成碳酸钠，使培养基变为碱性。培养基上细菌生长，并变为蓝色者为阳性（图 3-18）。此试验主要用于大肠埃希氏菌和志贺氏菌属的鉴别，前者为阳性，而后者为阴性。

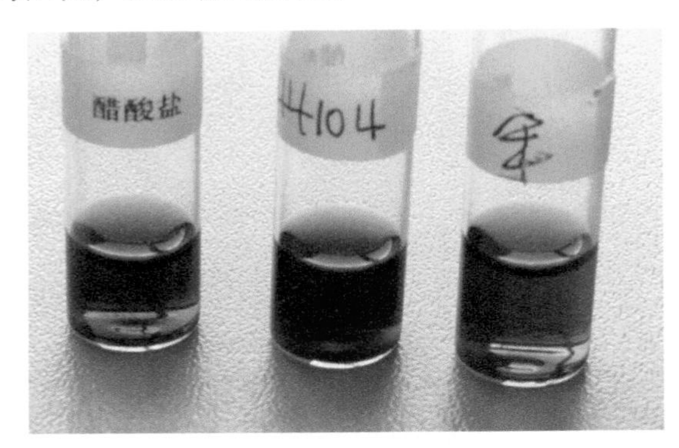

图 3-18　乙酸盐的利用试验

第 1 管为空白管；44104. 大肠埃希氏菌（阳性）；第 3 管为宋氏志贺氏菌（阴性）

二十、酒石酸盐的利用

某些细菌能利用酒石酸盐，使肉汤颜色由玫瑰红色变为黄色（图 3-19）。

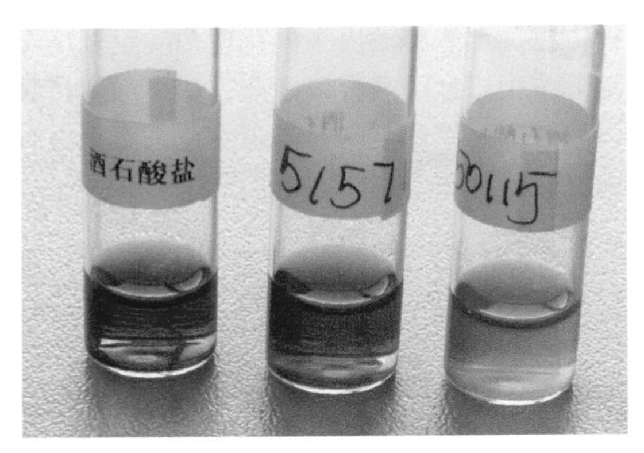

图 3-19　酒石酸盐的利用试验

第 1 管为空白管；51571. 福氏志贺氏菌（阴性）；50115. 鼠伤寒沙门氏菌（阳性）

二十一、氰化钾试验

氰化钾（KCN）是呼吸链末端抑制剂。能否在含有氰化钾的培养基中生长，是鉴别肠杆菌科各属的常用特征之一。能在测定培养基上生长者，表示氰化钾对测定菌无毒害作用，为阳性。若在测定培养基和空白培养基上均不生长者，表示空白培养基的营养成分不适于测定菌的生长，必须选用其他合适的培养基。若测定菌在空白培养基上能生长，在含氰化钾的测定培养基上不生长者，为阴性。

二十二、动力试验

半固体培养基可用于细菌动力试验，有鞭毛的细菌除了沿穿刺线生长外，在穿刺线两侧也可见羽毛状或云雾状混浊生长。无鞭毛的细菌只能沿穿刺线呈明显的线状生长，穿刺线两边的培养基仍然澄清透明，为动力试验阴性（图 3-20）。

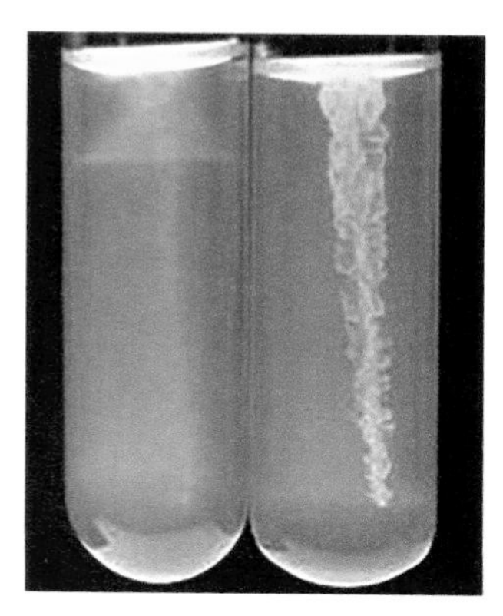

图 3-20　动力试验

左：单核细胞增生李斯特氏菌（伞状生长，阳性）；右：金黄色葡萄球菌（线状生长，阴性）

二十三、胆汁耐受试验

细菌如不耐受胆汁，则会被分解，胆汁肉汤澄清。如果细菌能够耐受胆汁，可生长，胆汁肉汤变混浊。40% 的胆汁肉汤常用于乳酸菌的胆汁耐受试验（图 3-21）。

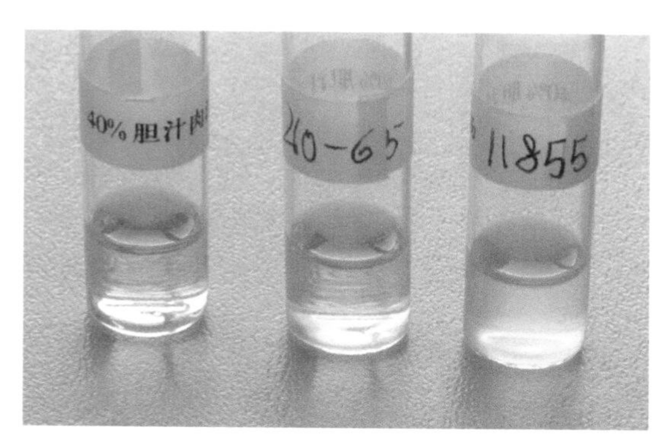

图 3-21　胆汁耐受试验

第 1 管为空白管；40-65. 嗜热链球菌（不生长，阴性）；11855. 乳链球菌（生长，阳性）

二十四、胆汁溶菌试验

胆汁或脱氧胆酸钠能导致某些细菌溶解，一方面是由于胆汁或脱氧胆酸钠降低了细菌细胞膜上的表面张力，使细菌的细胞膜破损或使菌体裂解；另一方面可能与激活细菌体内的自溶酶有关。

二十五、DNA 试验

用于检验细菌的脱氧核糖核酸酶，可将 DNA 长链水解成由 n 个单核苷酸组成的寡核苷酸链，寡核苷酸溶于酸，故于 DNA 琼脂上加入盐酸，则在菌落周围可形成透明环。在肠杆菌科中沙雷氏菌和变形杆菌可产生 DNA 酶，葡萄球菌中只有金黄色葡萄球菌产生 DNA 酶，故可用此试验做鉴别。

二十六、葡萄糖代谢类型鉴别试验

细菌在分解葡萄糖的过程中，必须有分子氧参加的为氧化型；能进行无氧降解的为发酵型；不分解葡萄糖的细菌为产碱型。发酵型细菌无论在有氧或无氧环境中都能分解葡萄糖，而氧化型细菌在无氧环境中则不能分解葡萄糖。该试验又称为氧化发酵 [O/F 或休 - 利夫森（Hugh-Leifson，HL）] 试验，可用于区别细菌的代谢类型。两管培养基均不产酸（颜色不变）为阴性；两管都产酸（变黄）为发酵型；加液状石蜡管不产酸、不加液状石蜡管产酸为氧化型（图 3-22）。

图 3-22　葡萄糖代谢类型鉴别试验

44104. 大肠埃希氏菌（发酵型）；10211. 铜绿假单胞菌（氧化型）

二十七、磷酸酶试验

磷酸酶是磷酸酯的水解酶，可使磷酸单酯水解，其反应根据反应基质不同而异，如用磷酸酚酞为基质，经磷酸酶水解后可释放酚酞，在碱性环境中呈红色。主要用于致病性葡萄球菌与非致病性葡萄球菌的鉴别，前者为阳性，后者为阴性。

二十八、脂肪酶试验

细菌产生的脂肪酶可分解脂肪为游离脂肪酸。在培养基中加入维多利亚蓝可与脂肪结合成为无色化合物，如果脂肪被分解，则维多利亚蓝释出，呈蓝色。培养基变为深蓝色者为阳性，否则可呈无色或粉红色。主要用于厌氧菌鉴定。

二十九、CAMP 试验

B 群链球菌（无乳链球菌）产生一种“CAMP”因子，此种物质能促进葡萄球菌的 β- 溶血素的活性。因此，在两种细菌的交界处溶血力增强，出现箭头形透明溶血区。方法：在羊血或马血琼脂平板上，先以 β- 溶血的金黄色葡萄球菌划一横线接种，再将待检菌与前一划线做垂直接种，两者应相距 1cm，于 35℃孵育 18 ~ 24h，观察结果。每次试验应做阴、阳性对照。两种细菌划线交接处出现箭头形溶血区为阳性。主要用于 B 群链球菌（阳性）的鉴定，其他链球菌均为阴性。

三十、凝固酶试验

凝固酶试验是鉴定葡萄球菌致病性的重要试验。致病性葡萄球菌可产生两种凝固酶，一种是与细胞壁结合的凝聚因子，称为结合凝固酶，它直接作用于血浆中纤维蛋白原，使其发生沉淀，包围于细菌外面而凝聚成块，玻片法阳性结果是此凝聚因子所致；另一种凝固酶是分泌至菌体外，称为游离凝固酶，它能使凝血酶原变成凝血酶类产物，使纤维蛋白原变为纤维蛋白，从而使血浆凝固。试管法可同时测定结合型和游离型凝固酶。试验方法有：①玻片法。在一张洁净玻片中央加 1 滴生理盐水，用接种环取待检培养物与其混合（设阳性和阴性对照）制成菌悬液，若经 10 ~ 20s 内无自凝现象发生，则加入羊或兔新鲜血浆 1 环，与菌悬液混合，5 ~ 10s 内出现凝集者为阳性。②试管法。于试管内加体积比 1 : 4 稀释的羊或兔血浆 0.5ml，再加 1 ~ 2 个待试菌菌落，置于 37℃水浴，每 30min 观察 1 次结果。如有凝块或整管凝集出现为阳性。2h 后无上述现象出现，则放置过夜后再观察（图 3-23）。该试验仅用于致病性葡萄球菌的鉴定。注意事项：①玻片法为筛选试验，阳性、阴性均需进行试管法测定；②血浆必须新鲜；③应使用肝素而非枸橼酸盐作为抗凝剂；④本试验也可用市购的胶乳凝集试验试剂盒测定。

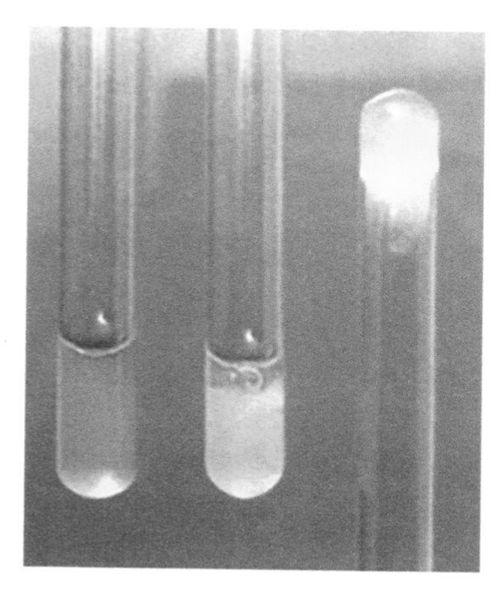

图 3-23　试管凝固酶试验

右管内为倒置后牢固不动的凝块

三十一、葡萄糖胺试验

有些细菌可利用铵盐作为唯一氮源，并分解葡萄糖产酸，培养基变黄(图3-24)。

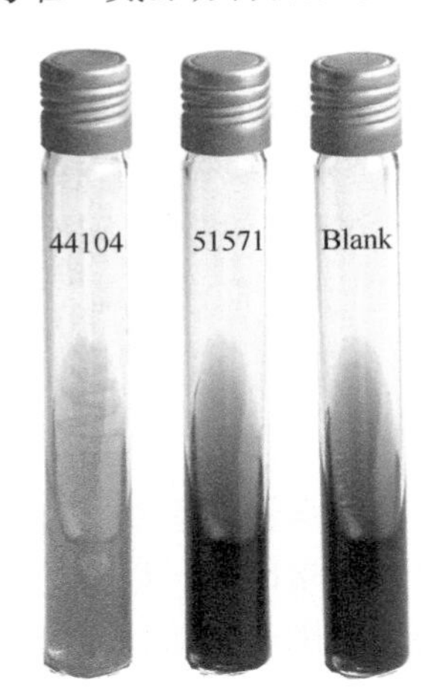

图 3-24　葡萄糖胺试验

44104. 大肠埃希氏菌（阳性）；51571. 福氏志贺氏菌（阴性）；Blank. 空白管

三十二、乙酰胺试验

许多非发酵菌产生一种脱酰胺酶，可使乙酰胺经脱酰胺作用释放氨，使培养基变碱。培养基由绿色变为蓝色为阳性。如不生长或稍有生长，但培养基颜色不变，为阴性。主要用于非发酵菌的鉴定。铜绿假单胞菌、去硝化产碱杆菌、食酸假单胞菌为阳性，其他非发酵菌大多数为阴性。

三十三、葡萄糖酸盐的氧化试验

假单胞菌属和肠杆菌属一些种的细菌，可氧化葡萄糖酸为2-酮基葡萄糖酸。葡萄糖酸无还原性基团，氧化后形成酮基，则可将斐林试剂呈蓝色的酮盐还原为砖红色的 Cu2O 沉淀（图 3-25）。

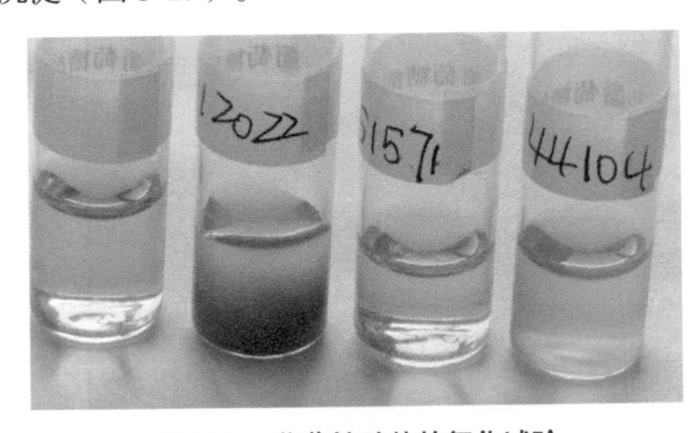

图 3-25　葡萄糖酸盐的氧化试验

第 1 管为空白管；12022. 阴沟肠杆菌（*Enterobacter cloacae*，阳性）；51571. 福氏志贺氏菌（阴性）；44104. 大肠埃希氏菌（阴性）

三十四、42℃生长试验

有些细菌如副溶血性弧菌能耐受42℃高温生长，培养基变浑浊（图3-26）。

图3-26 42℃生长试验

第1管为空白管；33847. 副溶血性弧菌（阳性）

三十五、淀粉水解试验

细菌对大分子的淀粉不能直接利用，须靠产生的胞外酶（淀粉酶）将淀粉水解为小分子糊精或进一步水解为葡萄糖（或麦芽糖），再被细菌吸收利用。淀粉水解后，遇碘不再变蓝色。在营养琼脂或其他易于细菌生长的培养基中添加0.2%的可溶性淀粉，培养基灭菌后倒成平板，然后取菌种点种于平板上，形成菌落后在平板上滴加卢格尔氏碘液，以铺满菌落周围为度，平板呈蓝色，而菌落周围如有无色透明圈出现，说明淀粉被水解，透明圈的大小说明水解淀粉能力的大小。

三十六、马尿酸盐水解试验

某些细菌具有马尿酸水解酶，可使马尿酸水解为苯甲酸和甘氨酸，苯甲酸与三氯化铁试剂结合，形成苯甲酸铁沉淀。出现恒定之沉淀物为阳性。主要用于B群链球菌的鉴定。

三十七、霍乱红胨水试验

霍乱弧菌分解色氨酸生成吲哚，并能使硝酸盐还原为亚硝酸盐，当加入硫酸后生成亚硝酸吲哚，呈红色反应为阳性。霍乱弧菌呈阳性反应，但该试验并非霍乱弧菌所特有。凡能产生吲哚并还原硝酸盐为亚硝酸盐的细菌，均可呈现阳性反应。

三十八、卵磷脂酶试验

细菌产生的卵磷脂酶，经钙离子作用，能迅速分解卵黄或血清中的卵磷脂形成混浊沉淀状的甘油酯和水溶性磷酸胆碱。该试验主要用于厌氧的鉴定。产气荚膜梭状芽孢杆菌、蜡样芽孢杆菌和诺维梭状芽孢杆菌为阳性，其他梭状芽孢杆菌为阴性。

三十九、过氧化氢酶试验

过氧化氢酶又称为接触酶，有些细菌可产生该酶，能催化过氧化氢分解成水和氧气。若有气泡(氧气)出现，则为过氧化氢酶阳性，无气泡出现为阴性(图3-27)。

图 3-27　过氧化氢酶试验

左为阳性（产气泡）；右为阴性

四十、溶血试验

有些细菌可以产生溶血素，能溶解血平板，因此在这些细菌周围会出现溶血环。由于不同细菌所产的溶血素不同，所以做溶血试验时对应的试验条件和试验方法也不一样，常用于链球菌、弧菌、白喉杆菌的鉴定。其中链球菌溶血试验用羊血悬液，在（36±1）℃培养较短时间即可观察到溶血现象。白喉杆菌溶血试验是用含兔血成分的培养基，并且需隔夜培养。弧菌溶血试验是用无菌脱纤维山羊血培养基，在（36±1）℃培养1天，全部或者大部分红细胞被溶解方可判定为阳性。

细菌在血平板上形成三种特征性溶血试验现象：甲型（α）溶血，菌落周围出现较窄的草绿色溶血环；乙型（β）溶血，菌落周围出现较宽的透明溶血环；丙型（γ）溶血，菌落周围无溶血环（图3-28）。

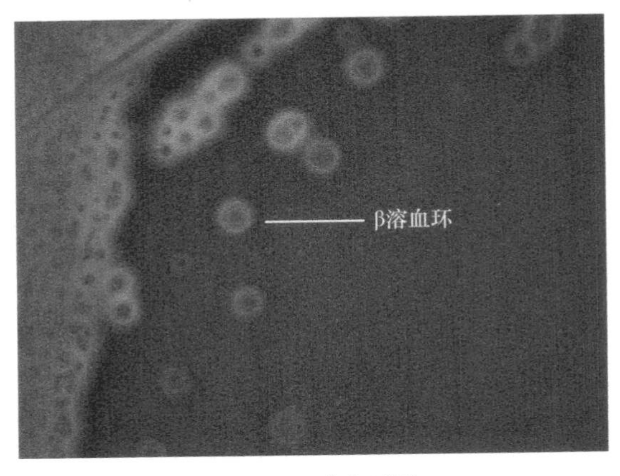

图 3-28　溶血试验

第二节 梅里埃细菌生化鉴定系统

一、API 20E

API 20E 是肠杆菌科和其他革兰氏阴性杆菌的标准鉴定系统，由 20 个含干燥底物的小管组成。这些测定管用细菌悬浮液接种。培养一定时间后，通过代谢作用产生颜色的变化，或是加入试剂后变色而观察其结果（图 3-28）。

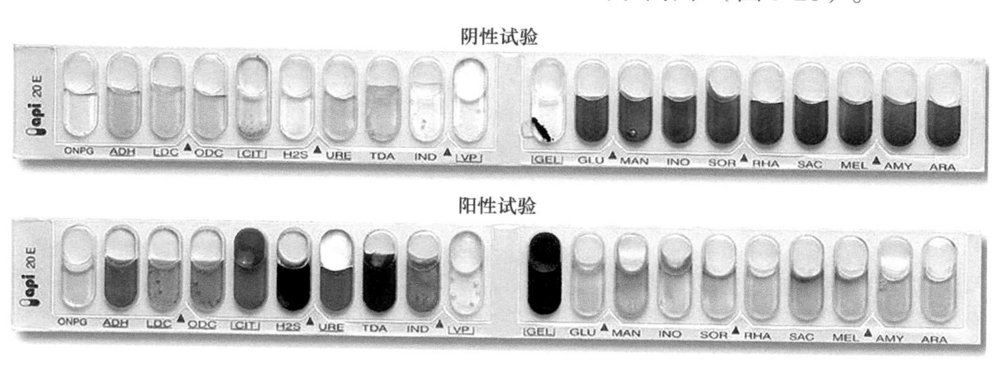

图 3-29 API 20E

二、API 20 NE

API 20 NE 是鉴定不属于肠杆菌科的革兰氏阴性非苛养杆菌的标准鉴定系统，如假单胞菌属（*Pseudomonas*）、不动杆菌属（*Acinetobacter*）、黄杆菌属（*Flavobacterium*）、莫拉菌属（*Moraxella*）、弧菌属（*Vibrio*）、气单胞菌属（*Aeromonas*）等。包括 8 个标准化常规测试和 12 个同化试验。对营养成分有特殊要求或需要特别处理步骤的苛养菌，如布鲁氏菌属（*Brucella*）和弗朗西丝氏菌属（*Francisella*）不能鉴定。API 20 NE 试验条是由 20 个含干燥底物或培养基的小管组成。常规测定用生理盐水的细菌悬浮液接种后，形成液相培养基。在孵育期间，代谢作用使反应管自然或在加入试剂后产生颜色变化。同化测试含有少量培养基，只有可利用相应底物的细菌才能生长（图 3-30）。

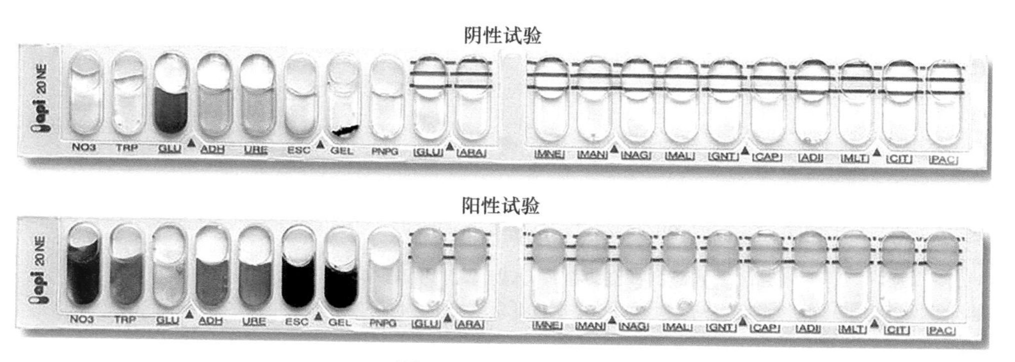

图 3-30 API 20 NE

三、API 20 A

API 20 A 能快速、简便地对厌氧菌进行生化鉴定。其结果用于厌氧菌的确认和完善鉴定结果。API 20 A 试验条是由 20 个含干燥底物的小管组成。将菌悬液分装到小管内，在 35～37℃培养 24h 或 48h，所产生的代谢物由 pH 指示剂或加入试剂呈现出来（图 3-31）。

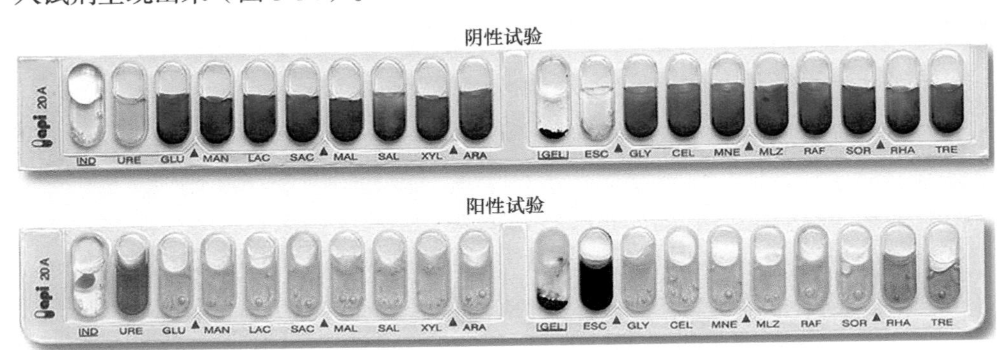

图 3-31　API 20 A

四、API LISTERIA

API LISTERIA 是李斯特氏菌属（*Listeria*）鉴定系统。该系统使用标准化和微型化的测定，并有专门的数据库。API LISTERIA 是由含有能进行酶测定和糖发酵的干燥底物的 10 个小管组成。35～37℃培养 24h，结果通过不加试剂自然产生变色或加试剂后变色而显示（图 3-32）。

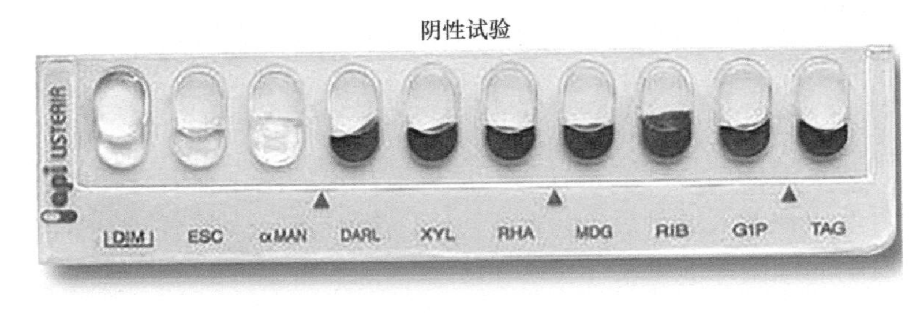

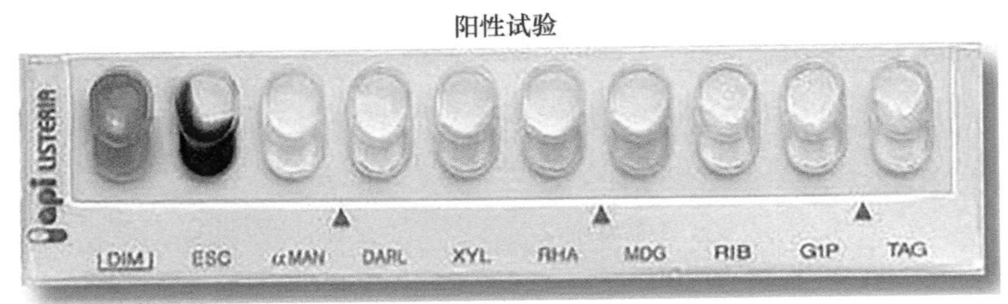

图 3-32　API LISTERIA

五、API STAPH

API STAPH 是葡萄球菌属（*Staphylococcus*）和微球菌属（*Micrococcus*）的鉴定系统，由标准化和微型化的生化测定和专门的数据库组成。API STAPH 是由含干燥底物小管的试验条组成。测定时，每管用由 API STAPH 培养基制成的菌悬液接种试验条。然后，将试验条于 35～37℃培养 18～24h（图 3-33）。鉴定结果应用 API STAPH 分析图谱索引或鉴定软件包。

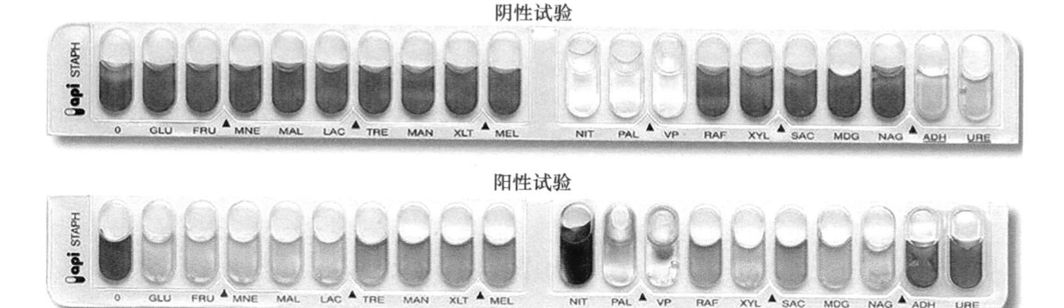

图 3-33　API STAPH

六、API 20 STREP

API 20 STREP 是一个包含 20 个生化试验的标准化方法。该方法能鉴定医学细菌和食品中绝大多数链球菌的种或群。API 20 STREP 试验条由含干燥底物的 20 个小管组成，可测定酶活性和糖发酵。酶活性测定是以菌悬液接种于干燥的酶底物，培养后，通过所产生的最终代谢产物颜色变化显示。发酵试验是接种于由糖底物组成的培养基，通过发酵后 pH 的变化显示（图 3-34）。

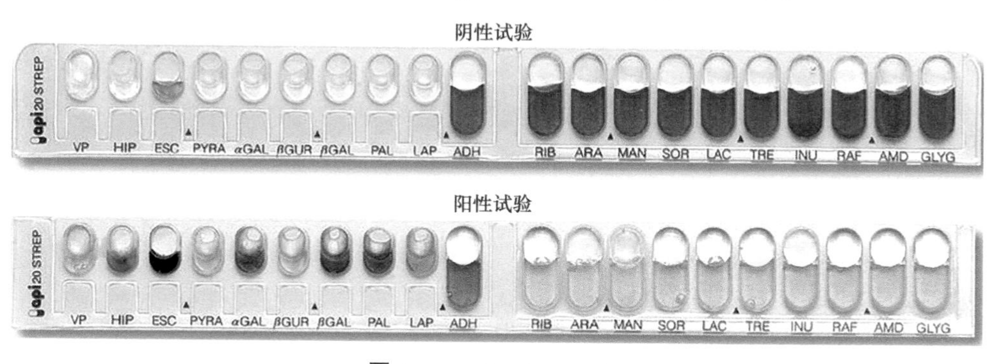

图 3-34　API 20 STREP

七、API CAMPY

API CAMPY 是弯曲菌属（*Campylobacter*）的鉴定系统。API CAMPY 试验条是由 20 个含干粉底物的小管组成。分两部分：第一部分（酶和常规的测定）

用浓度高的悬浮液接种，在培养期间（好氧情况）所产生的代谢最终产物通过直接颜色反应表现或加入试剂后呈现出来。第二部分（同化或抑制测定）的试验条用最低量的培养基接种，培养于微好氧的条件下。35～37℃培养 24h，如果它们能利用相应的底物或能抗所测定的抗生素，则细菌能生长（图 3-35）。

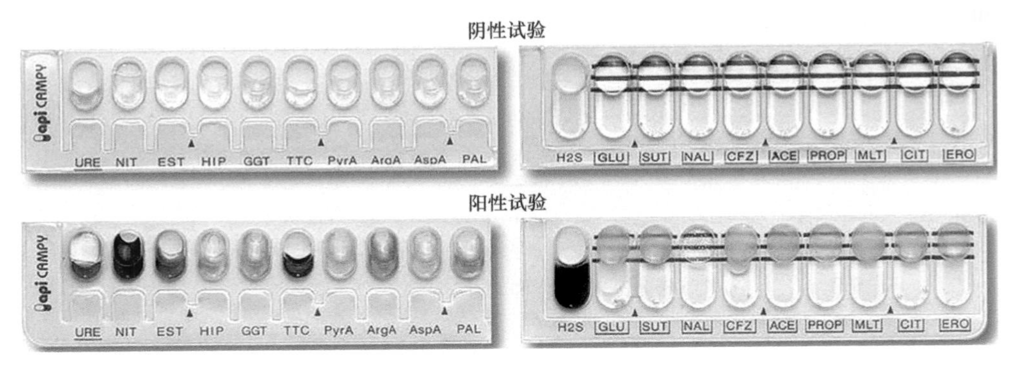

图 3-35　API CAMPY

八、API Candida

API Candida 是一个在 18～24h 内鉴定酵母菌的标准化系统。API Candida 试验条是由能进行 12 个测定糖产酸或酶反应的 10 个含干粉底物小管组成，所产生的反应是由自然颜色变化所得。于 35～37℃培养 18h 或 24h 后，可用所得数值谱或鉴定软件得到鉴定结果（图 3-36）。

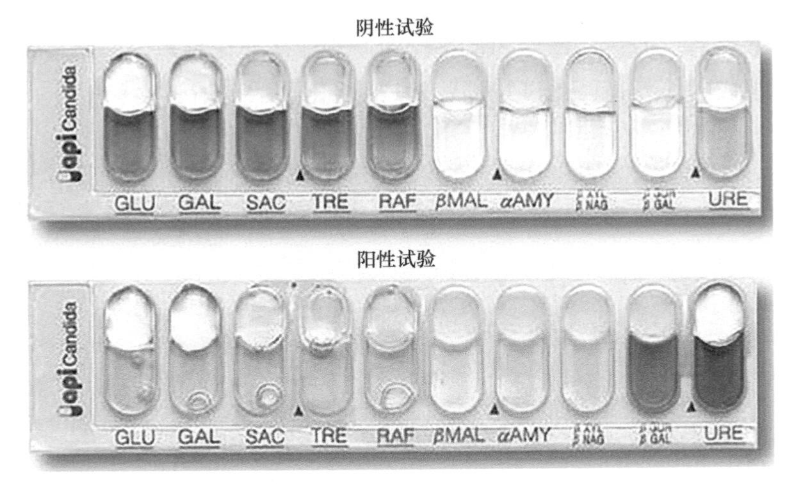

图 3-36　API Candida

九、API CORYNE

API CORYNE 用于鉴定临床遇到的棒状细菌。API CORYNE 试验条是由 20 个测定糖发酵或酶活性的含干燥底物的小管组成。菌悬液接种于含干燥底物的小管中 35 ~ 37℃培养 24h，观察颜色变化结果，鉴定结果参考分析图谱索引或鉴定软件（图 3-37）。

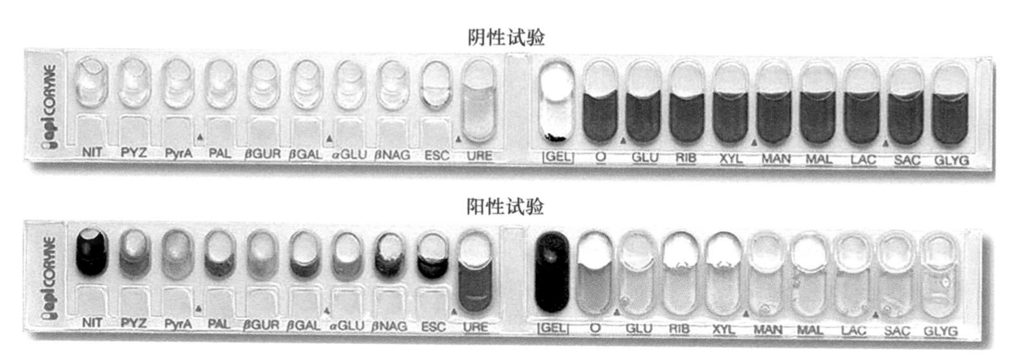

图 3-37　API CORYNE

十、RapiD 20 E

RapiD 20 E 是一个能在 4h 内鉴定肠杆菌科的系统。该标准化的系统结合了具高度鉴别价值和适用快速判断结果的 20 个生化测定试验。RapiD 20 E 试验条由 20 个测定酶活性或糖发酵的含干粉底物的小管组成。细菌悬液接种于溶解底物的管内。培养 4h，其间代谢产物的颜色改变由自然发生或加入试剂后呈现（图 3-38）。

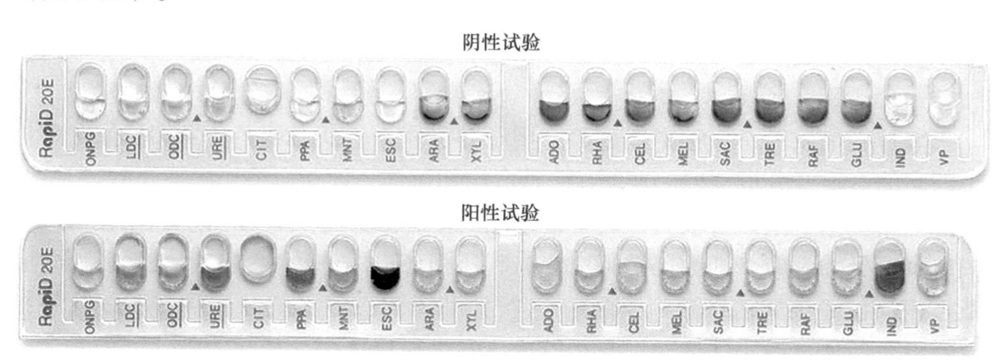

图 3-38　RapiD 20 E

第四章
细菌的血清学试验

血清学试验是根据抗原与相应的抗体在适宜的条件下，能在体外发生特异性结合的原理，用已知抗体或抗原来检测未知抗原或抗体的反应。因抗体主要存在于血清中，抗原或抗体检测时一般都要采用血清，故体外的抗原抗体反应亦称为血清学试验或血清学反应。血清学试验包括血清学鉴定和血清学诊断。血清学鉴定即用含已知特异性抗体的免疫血清（诊断血清）去检测患者标本中或培养物中的未知细菌或细菌抗原，以确定病原菌的种或型。血清学诊断是指用已知抗原检测患者血清中的相应抗体，以诊断感染性疾病的方法。血清学试验是临床微生物学检验的重要方法之一。血清学试验基本类型包括凝集反应、沉淀反应和补体结合反应等。

一、凝集反应

颗粒性抗原（细菌、红细胞、乳胶等）与相应抗体可发生特异性结合，在一定条件下（电解质、pH、温度、抗原抗体比例适合等）出现肉眼可见的凝集小块，称为凝集反应。参与反应的抗原称为凝集原，抗体称为凝集素。凝集反应可分为直接凝集反应和间接凝集反应两大类。

（一）直接凝集反应

直接凝集反应是指颗粒性抗原与相应抗体直接结合出现的凝集现象。

1. 玻片凝集试验

玻片凝集试验是一种定性试验。用已知抗体（诊断血清）测未知抗原，适用于细菌的鉴定或分群（型）等。方法是取已知抗体（诊断血清）滴加在载玻片上，直接从培养基上刮取待检菌混匀于诊断血清中，数分钟后，如出现细菌凝集成块或肉眼可见的颗粒，即为阳性反应。自临床初分离的细菌中，有些细菌表面含有某种表面抗原（如伤寒沙门氏菌的 Vi 抗原和志贺氏菌属的 K 抗原等），这些抗原能阻止菌体抗原（O 抗原）与相应抗体发生凝集反应，从而导致错误的判定。此时应将菌悬液于 100℃中隔水煮沸（Vi 抗原 100℃下 30min、K 抗原 100℃下 1h），待细菌表面抗原破坏后，再进行试验（图 4-1）。

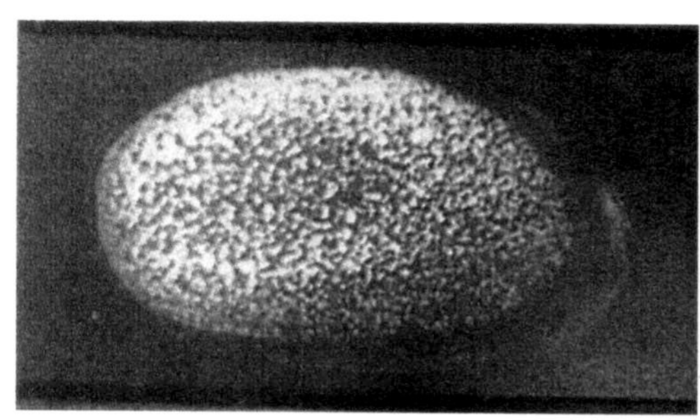
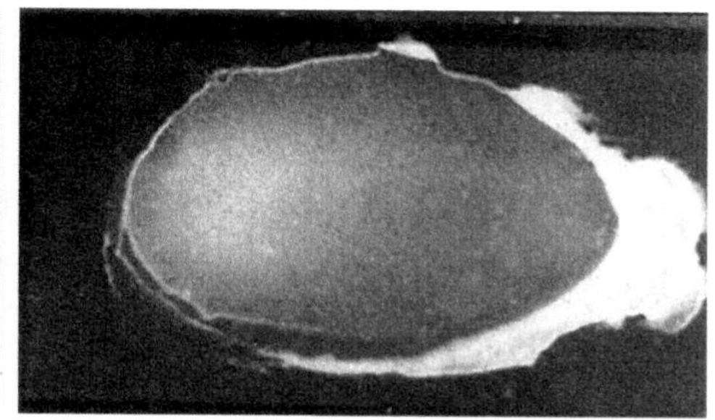

图 4-1 细菌的血清凝集试验

左为凝集，右为不凝集

凝集试验简便、快速、特异性强，常用于沙门氏菌、志贺氏菌、致病性大肠埃希氏菌、霍乱弧菌及链球菌等的鉴定。

2. 试管凝集试验

试管凝集试验为半定量试验。用等量抗原（细菌）悬液与一系列递倍稀释的抗血清混合，37℃保温 4h 后放室温或 4℃冰箱过夜，观察结果。根据每管内抗原的凝集程度判定血清中抗体的相对含量。以血清最高稀释度仍有明显凝集现象者，为该血清中抗体的凝集效价，以表示血清中抗体的相对含量。

该方法常用于测定免疫血清的效价、抗原的凝集性能；在临床上主要用于检测受试者血清中有无某种特异性抗体及其相对含量，如诊断伤寒杆菌、副伤寒杆菌的肥达反应，诊断布氏杆菌病的瑞特反应等。

（二）间接凝集反应

间接（或被动）凝集反应是将可溶性抗原或抗体吸附于某种与免疫无关的一定大小的颗粒载体表面，制成致敏载体，再与相应抗体或抗原作用，在电解质存在的适宜条件下，被动地使致敏载体凝集的反应。可用红细胞、聚苯乙烯乳胶、活性炭等颗粒作载体，分别称为间接血凝试验、间接乳凝试验、间接炭凝试验。由于载体颗粒增大了可溶性抗原的反应面积，当颗粒上的抗原与少量抗体结合后，就能出现肉眼可见的反应，故可提高反应的敏感性。常用间接凝集反应来测定待检血清中的细菌、病毒、螺旋体、寄生虫等抗原及自身抗体。间接凝集反应又可分为如下 3 种。

1. 正向间接凝集试验

正向间接凝集试验即将已知可溶性抗原吸附于载体颗粒上，然后与相应抗体结合产生颗粒凝集现象，用以检测未知抗体。

2. 反向间接凝集试验

反向间接凝集试验是将已知抗体吸附于载体颗粒表面，以检测相应可溶性抗原的凝集反应。适用于可溶性和颗粒性抗原的检出，如反向间接血凝试验检测乙型肝炎表面抗原及甲胎蛋白，协助诊断乙型肝炎和原发性肝癌。从食品中检出肉毒毒素和葡萄球菌肠毒素等。

3. 间接凝集抑制试验

间接凝集抑制试验是将已知抗体或可溶性抗原先与被测的抗原或抗体混合，然后加入有关抗原或抗体致敏的载体颗粒，如已知抗体或可溶性抗原与被测的抗原或抗体相结合，则不出现颗粒凝集现象。故也可称为正向间接凝集抑制试验或反向间接凝集抑制试验。

协同凝集反应属于间接凝集反应的一种类型。它所用的载体是含 SPA（葡萄球菌 A 蛋白）金黄色葡萄球菌。SPA 能与人及多种哺乳动物血清中 IgG 类抗体的 Fc 段结合，IgG 的 Fc 段与 SPA 结合后，IgG 的 2 个 Fab 段暴露于葡萄球菌菌体的表面，并仍保持正常的抗体活性，当结合于葡萄球菌表面的已知抗体与相应细菌、病毒或毒素抗原接触时，则出现肉眼可见的凝集现象。方法简便、快速、敏感性高，易于观察结果，已广泛用于细菌的快速鉴定和分群（型），如脑膜炎奈瑟菌、铜绿假单胞菌、肺炎链球菌、乙型溶血性链球菌、布鲁氏菌、沙门氏菌、志贺氏菌等。

二、沉淀反应

可溶性抗原（如细菌的培养滤液、含细菌的患者血清、脑脊液及组织浸出液等）与相应抗体相混合，在比例适合和适量电解质存在等条件下，形成肉眼可见的沉淀物，称为沉淀反应。利用沉淀反应进行血清学试验的方法称为沉淀试验。沉淀反应有环状、絮状和琼脂扩散法 3 种基本类型。

（一）环状沉淀试验（阿斯卡利试验）

将已知的抗血清加于内径 1 ~ 3mm、长 75mm 的玻璃细管中约 1/3 高度处，然后沿管壁徐徐加入已适当稀释的待测抗原溶液，使其成为分界清晰的 2 层，置室温或 35℃加热 5 ~ 30min 后，如在两液面交界处形成肉眼可见的白色环状沉淀物为阳性反应。该试验主要用于鉴定微量抗原，如链球菌、肺炎链球菌、鼠疫耶尔森菌的鉴定及炭疽的诊断。

（二）絮状沉淀试验

是指可溶性抗原与抗体在试管内以适当比例混合后，在电解质存在的条件下，出现絮状的沉淀物。有两种方法：一种是将恒定量的抗体分别与一系列稀释的抗原溶液在试管内混合，另一种是将恒定量的抗原分别与一系列稀释的抗血清在试管内混合，随后观察各管沉淀物出现的时间和数量。通常在抗原与抗体比例最适管，出现沉淀物最快，量最多。该试验常用于毒素、类毒素、抗毒素的定量测定，还用于测定相应抗体，如肥达反应用于诊断伤寒、副伤寒等。

（三）琼脂扩散试验

用琼脂制成固体的凝胶，使抗原和抗体在凝胶中扩散，若两者比例适当，则在相遇处可形成肉眼可见的沉淀物（线或环），为阳性反应。常用的试验方法有以下两种。

1. 单向琼脂扩散试验

将抗体预先在琼脂中混匀，制成凝胶板，凝固后在琼脂上打孔，孔中加入待试抗原，经一定时间扩散后，若抗原与抗体对应，则在孔周围比例适当处形成白色沉淀环。由于沉淀环大小与直径孔中抗原浓度成正比，故可事先用不同浓度的标准抗原制成标准曲线，来测定未知标本中的抗原含量。该方法是一种定量试验，主要用于检测标本中各种免疫球蛋白和血清中各种补体成分的含量。

2. 双向琼脂扩散试验

先制备琼脂凝胶板，待凝固后，根据需要在其上面打孔，孔间保持一定距离，然后将抗原和抗体分别注入小孔中，使两者相互扩散。如抗原与抗体相对应，浓度比例适当，经一定时间扩散后，在抗原抗体孔之间出现清晰的白色沉淀线。一对相应的抗原抗体只能形成一条线。因此，根据沉淀线的数目即可推测抗原液中有多少种抗原成分，根据沉淀线融合与否及交叉关系，还可鉴定两种抗原是否完全相同，还是部分相同。该方法可用于检测未知抗原或抗体、分析和鉴定抗原成分、检测抗体或抗原的纯度、滴定抗血清的效价等。缺点是需要时间较长，敏感性差。

第五章
细菌的染色实验

第一节　革兰氏染色

一、染色原理

用于生物染色的染料主要有碱性染料、酸性染料和中性染料三大类。碱性染料的离子带正电荷，能与带负电荷的物质结合。因细菌蛋白质等电点较低，当细菌生长于中性、碱性或弱酸性的溶液中时常带负电荷，所以通常采用碱性染料（如亚甲蓝、结晶紫、碱性复红或孔雀绿等）使其着色。酸性染料的离子带负电荷，能与带正电荷的物质结合。当细菌分解糖类产酸使培养基pH下降时，细菌所带正电荷增加，因此易被伊红、酸性复红或刚果红等酸性染料着色。中性染料是前两者的结合物又称为复合染料，如伊红 - 亚甲蓝、伊红 - 天青等。

革兰氏染色法是1884年由丹麦病理学家Gram创立。革兰氏染色法可将所有的细菌区分为革兰氏阳性菌（G^+）和革兰氏阴性菌（G^-）两大类，是细菌学上最常用的鉴别染色法。该染色法之所以能将细菌分为G^+菌和G^-菌，是这两类菌的细胞壁结构和成分的不同决定的。G^-菌的细胞壁中含有较多易被乙醇溶解的类脂质，而且肽聚糖层较薄、交联度低，故用乙醇或丙酮脱色时溶解了类脂质，增加了细胞壁的通透性，使初染的结晶紫和碘的复合物易于渗出，结果细菌就被脱色，再经番红复染后就呈红色（图5-1a）。G^+菌细胞壁中肽聚糖层厚且交联度高，类脂质含量少，经脱色剂处理后反而使肽聚糖层的孔径缩小，通透性降低，因此细菌仍保留初染时的颜色（图5-1b）。

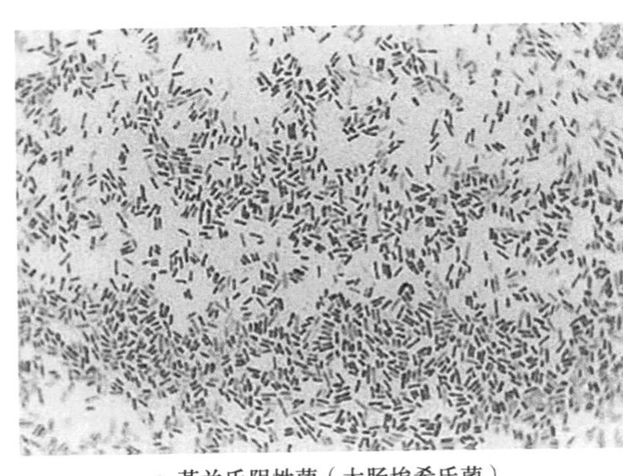

a. 革兰氏阴性菌（大肠埃希氏菌）

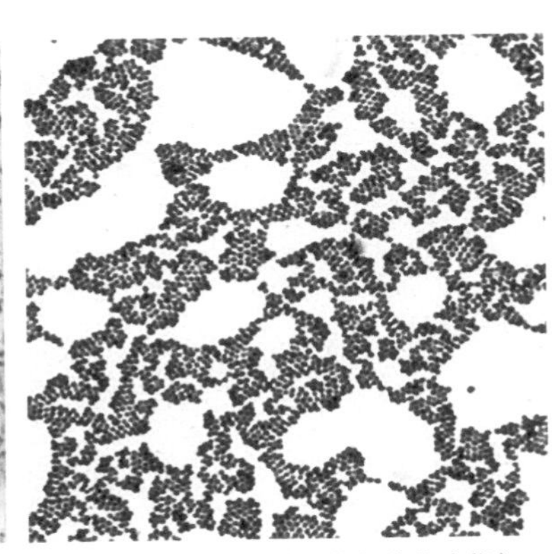

b. 革兰氏阳性菌（金黄色葡萄球菌）

图5-1　革兰氏染色

二、染色步骤

1. 涂片

取干净载玻片一块，在载玻片的左、右各加一滴蒸馏水，按无菌操作法取菌涂片，注意取菌不要太多。

2. 晾干

让涂片自然晾干或者在酒精灯火焰上方文火烘干。

3. 固定

手执玻片一端，让菌膜朝上，通过火焰 2 ~ 3 次固定（以不烫手为宜）。

4. 结晶紫染色

将玻片置于废液缸玻片搁架上，加适量（以盖满细菌涂面）的结晶紫染色液染色 1min。

5. 水洗

倾去染色液，用水小心地冲洗。

6. 媒染

滴加卢哥氏碘液，媒染 1min。

7. 水洗

用水洗去碘液。

8. 脱色

将玻片倾斜，连续滴加 95% 乙醇脱色 20 ~ 25s 至流出液无色，立即水洗。

9. 复染

滴加番红复染 1min。

10. 水洗

用水洗去涂片上的番红染色液。

11. 晾干

将染好的涂片放于空气中晾干或者用吸水纸吸干。

12. 镜检

镜检时先用低倍镜，再用高倍镜，最后用油镜观察，并判断菌体的革兰氏染色反应阴阳性。

13. 实验完毕后的处理

（1）将浸过油的镜头按下述方法擦拭干净：①先用擦镜纸将油镜头上的油擦去；②用擦镜纸沾少许二甲苯将镜头擦 2 ~ 3 次；③再用干净的擦镜纸将镜头擦 2 ~ 3 次，注意擦镜头时向一个方向擦拭。

（2）看后的染色玻片用废纸将香柏油擦干净。

三、注意事项

（1）革兰氏染色成败的关键是乙醇脱色。如脱色过度，G^+ 菌也可被脱色而

染成 G^- 菌；如脱色时间过短，G^- 菌也会被染成 G^+ 菌。脱色时间的长短还受涂片厚薄及乙醇用量等因素的影响，难以严格规定。

（2）染色过程中勿使染色液干涸。用水冲洗后，应吸去玻片上的残水，以免染色液被稀释而影响染色效果。

（3）选用幼龄的细菌。G^+ 菌培养 12～16h，大肠埃希氏菌培养 24h。若菌龄太老，由于菌体死亡或自溶常使 G^+ 菌转呈阴性反应。

第二节　细菌的鞭毛染色

一、实验原理

鞭毛是某些细菌表面伸出的一种着生于细胞膜的细长并呈波形弯曲的丝状物。它是细菌的运动器官，长度常超过菌体若干倍。鞭毛作为运动器官，往往有化学趋向性，常朝高浓度营养物质的方向移动，而避开对其有害的环境。细菌是否具有鞭毛是细菌分类鉴定的重要特征之一。不同细菌的鞭毛数目、位置和排列不同，可分为单毛菌、双毛菌、丝毛菌、周毛菌，也称为单生（极生）、丛生、周生。多数球菌不生鞭毛，杆菌中有的有鞭毛有的无鞭毛，弧菌和螺菌几乎都有鞭毛。细菌的鞭毛极细，直径一般为 10～20nm，只有用电子显微镜才能观察到。但是，如采用特殊的染色法，则在普通光学显微镜下也能看到它。鞭毛染色方法很多，但其基本原理相同，即在染色前先用媒染剂处理，让它沉积在鞭毛上，使鞭毛直径加粗，然后再进行染色。常用的媒染剂由丹宁酸和氯化高铁或钾明矾等配制而成（图 5-2）。

二、镀银法染色

1. 清洗玻片

选择光滑无裂痕的玻片，最好选用新的玻片。为了避免玻片相互重叠，应将玻片插在专用金属架上，然后将玻片置于洗衣粉过滤液中（洗衣粉煮沸后用滤纸过滤，以除去粗颗粒），煮沸 20min。取出稍冷后用自来水冲洗、晾干，再放入浓洗液中浸泡 5～6 天，使用前取出玻片，用自来水冲去残酸，再用蒸馏水洗。将水沥干后，放入 95% 乙醇中脱水。

2. 菌液的制备及制片

菌龄较老的细菌容易脱落鞭毛，所以在染色前应将待染细菌在新配制的牛肉膏蛋白胨培养基斜面上（培养基表面湿润，斜面基部含有冷凝水）连续移接 3～5 代，以增强细菌的运动力。最后一代菌种放在恒温箱中培养 12～16h。然后，用接种环挑取斜面与冷凝水交接处的菌液数环，移至盛有 1～2ml 无菌水的试管中，使菌液呈轻度混浊。将该试管放在 37℃恒温箱中静置 10min（放置时间不宜太长，否则鞭毛会脱落），让幼龄菌的鞭毛松展开。然后，吸取少量菌液滴在洁净玻片

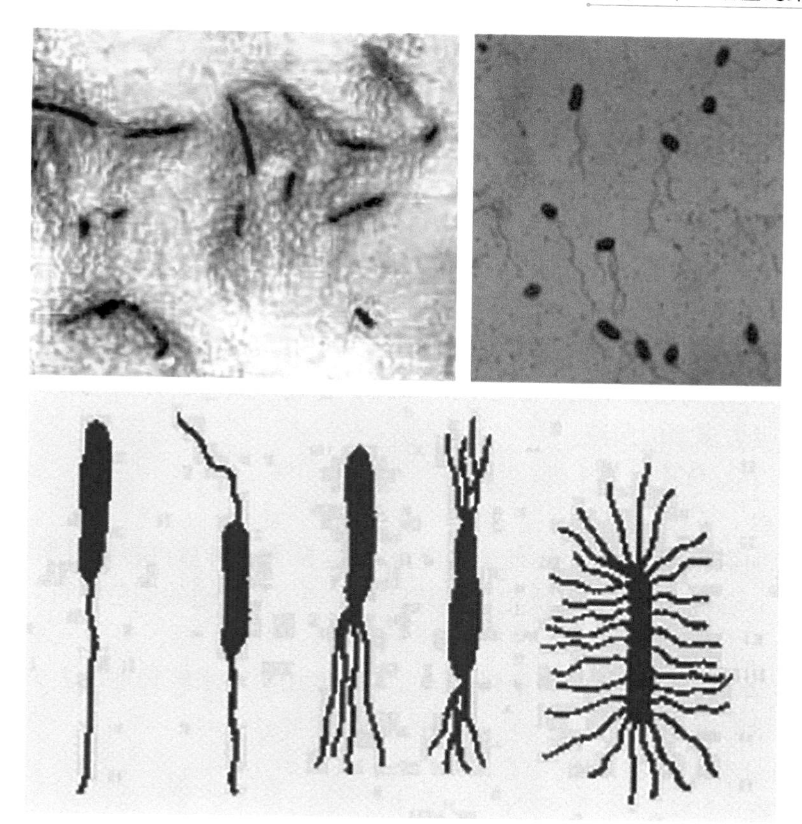

图 5-2　细菌的鞭毛

的一端，立即将玻片倾斜，使菌液缓慢地流向另一端，用吸水纸吸去多余的菌液。涂片放于空气中自然干燥。用于鞭毛染色的菌体也可用半固体培养基培养。方法是将 0.3% ~ 0.4% 的琼脂肉膏培养基熔化后倒入无菌平皿中，待凝固后在平板中央点接活化了 3 ~ 4 代的细菌，恒温培养 12 ~ 16h 后，取扩散菌落的边缘制作涂片。

3. 染色

（1）滴加 A 液（酸化的 $FeCl_3$ 溶液），染色 4 ~ 6min。

（2）用蒸馏水充分洗净 A 液。

（3）用 B 液（5% 单宁酸，含甲醛 1ml）冲去残水，再加 B 液于玻片上，在酒精灯火焰上加热至冒气，维持 0.5 ~ 1min（加热时应随时补充蒸发掉的染料，不可使玻片出现干涸区）。

（4）用蒸馏水洗，自然干燥。

4. 镜检

先低倍镜，再高倍镜，最后用油镜检查。

结果：菌体呈深褐色，鞭毛呈浅褐色。

三、改良利夫森（Leifson）染色法

1. 清洗玻片法

同镀银法染色。

2. 配制染料

染料配好后要过滤 15 ~ 20 次后染色效果才好。

3. 菌液的制备及涂片

（1）菌液的制备同镀银法染色。

（2）用记号笔在洁净的玻片上划分 3 ~ 4 个相等的区域。

（3）放 1 滴菌液于第一个小区的一端，将玻片倾斜，让菌液流向另一端，并用滤纸吸去多余的菌液。

（4）在空气中自然干燥。

4. 染色

（1）加染色液于第一区，使染料覆盖涂片。隔数分钟后再将染料加入第二区，依此类推（相隔时间可自行决定），其目的是确定最合适的染色时间，而且节约材料。

（2）水洗：在没有倾去染料的情况下，就用蒸馏水轻轻地冲去染料，否则会增加背景的沉淀。

（3）干燥：自然干燥。

5. 镜检

先低倍观察，再高倍观察，最后用油镜观察，观察时要多找一些视野，只在 1 ~ 2 个视野中观察不一定能看到细菌的鞭毛。

结果：菌体和鞭毛均染成红色。

四、染色液配制

1. 硝酸银染色液

A 液：丹宁酸 5g，$FeCl_3$ 1.5g，蒸馏水 100 ml，待溶解后，加入 1% NaOH 溶液 1ml 和 15% 甲醛溶液 2ml。B 液：硝酸银 2g，蒸馏水 100ml。待硝酸银溶解后，取出 10ml 做回滴用。向 90ml B 液中滴加浓氢氧化氨（NH_4OH）溶液，当出现大量的沉淀时再继续加 NH_4OH，直到溶液中沉淀刚刚消失变澄清为止。然后用保留的 10ml B 液小心地逐滴加入，至出现轻微和稳定的薄雾为止（此操作非常关键，应格外小心）。在整个滴加过程中要边滴边充分摇荡。配好的染色液当日有效。4h 内使用效果最好。

2. Leifson 染色液

A 液：碱性复红 1.2g，95% 乙醇，100ml。B 液：丹宁酸 3g，蒸馏水 100ml。如加 0.2% 苯酚，可长期保存。C 液：NaCl 1.5g，蒸馏水 100ml。使用前将上述溶液等体积混合。此混合液贮于密封性良好的瓶中置于冰箱中可保存数周。

在较高温度下会因混合液发生化学变化而使着色力日益减弱。

五、注意事项

（1）镀银法染色比较容易掌握，但染色液必须每次现配现用，不能存放，比较复杂。

（2）Leifson 染色法受菌种、菌龄和室温等因素的影响，且染色液须经 15～20 次过滤，要掌握好染色条件必须经过一些摸索。

（3）细菌鞭毛极细，很易脱落，在整个操作过程中，必须仔细小心，以防鞭毛脱落。

（4）染色用玻片干净无油污是鞭毛染色成功的先决条件。

第三节　细菌的芽孢染色

一、实验原理

细菌的芽孢具有厚而致密的壁，透性低，不易着色，若用一般染色法只能使菌体着色而芽孢不着色（芽孢呈无色透明状）。芽孢染色法就是根据芽孢既难以染色而一旦染上色后又难以脱色这一特点而设计的。所有的芽孢染色法都基于同一个原则：除了用着色力强的染料外，还需要加热，以促进芽孢着色。当染芽孢时，菌体也会着色，然后水洗，芽孢染上的颜色难以渗出，而菌体会脱色。然后用对比度强的染料对菌体复染，使菌体和芽孢呈现出不同的颜色，因此能更明显地衬托出芽孢，便于观察（图 5-3）。

图 5-3　细菌的芽孢

二、实验方法

1. Schaeffer-Fulton 染色法

（1）涂片：按常规方法将待检细菌制成一薄的涂片。

（2）晾干固定：待涂片晾干后在酒精灯火焰上通过 2 ~ 3 次。

（3）染色。

a. 加染色液：加 5% 孔雀绿水溶液于涂片处（染料以铺满涂片为度），然后将涂片放在铜板上，用酒精灯火焰加热至染液冒蒸汽时开始计算时间，约维持 15 ~ 20min。加热过程中要随时添加染色液，切勿让标本干涸（加热时温度不能太高）。

b. 水洗：待玻片冷却后，用水轻轻地冲洗，直至流出的水中无染色液为止。

c. 复染：用番红液染色 5min。

（4）水洗、晾干或吸干。

（5）镜检：先低倍，再高倍，最后在油镜下观察芽孢和菌体的形态。

结果：芽孢呈绿色，菌体为红色。

2. 改良的 Schaeffer-Fulton 染色法

（1）制备菌液：加 1 ~ 2 滴无菌水于小试管中，用接种环从斜面上挑取 2 ~ 3 环的菌体于试管中并充分打匀，制成浓稠的菌液。

（2）加染色液：加 5% 孔雀绿水溶液 2 ~ 3 滴于小试管中，用接种环搅拌使染料与菌液充分混合。

（3）加热：将此试管浸于沸水浴（烧杯）中，加热 15 ~ 20min。

（4）涂片：用接种环从试管底部挑数环菌液于洁净的载玻片上，做成涂面，晾干。

（5）固定：将涂片通过酒精灯火焰 3 次。

（6）脱色：用水洗直至流出的水中无孔雀绿颜色为止。

（7）复染：加番红水溶液染色 5min 后，倾去染色液，不用水洗，直接用吸水纸吸干。

（8）镜检：先低倍镜，再高倍镜，最后用油镜观察。

结果：芽孢呈绿色，芽孢囊和菌体为红色。

三、注意事项

（1）供芽孢染色用的菌种应控制菌龄。

（2）改良法在节约染料、简化操作及提高标本质量等方面都较常规涂片法优越，可优先使用。

（3）用改良法时，欲得到好的涂片，首先要制备浓稠的菌液，其次是从小试管中取染色的菌液时，应先用接种环充分搅拌，然后再挑取菌液，否则菌体沉于管底，涂片时菌体太少。

第四节　细菌的运动性观察

一、实验原理

细菌是否具有鞭毛是细菌分类鉴定的重要特征之一。采用鞭毛染色法虽能观察到鞭毛的形态、着生位置和数目，但此方法既费时又麻烦。如果仅需了解某菌是否有鞭毛，可采用悬滴法或水封片法（即压滴法）直接在光学显微镜下检查活细菌是否具有运动能力，以此来判断细菌是否有鞭毛。该方法较快速、简便。悬滴法就是将菌液滴加在洁净的盖玻片中央，在其周边涂上凡士林，然后将它倒盖在有凹槽的载玻片中央，即可放置在普通光学显微镜下观察。水封片法是将菌液滴在普通的载玻片上，然后盖上盖玻片，置于显微镜下观察。大多数球菌不生鞭毛，杆菌中有的有鞭毛有的无鞭毛，弧菌和螺菌几乎都有鞭毛。有鞭毛的细菌在幼龄时具有较强的运动力，衰老的细胞鞭毛易脱落，故观察时宜选用幼龄菌体。

二、实验方法

1. 制备菌液

在幼龄菌斜面上，滴加 3 ~ 4ml 无菌水，制成轻度混浊的菌悬液。

2. 涂凡士林

取洁净无油的盖玻片 1 块，在其四周涂少量的凡士林。

3. 滴加菌液

加 1 滴菌液于盖玻片的中央，并用记号笔在菌液的边缘做一记号，以便在显微镜下观察时，易于寻找菌液的位置。

4. 盖凹玻片

将凹玻片的凹槽对准盖玻片中央的菌液，并轻轻地盖在盖玻片上，使两者粘在一起，然后翻转凹玻片，使菌液正好悬在凹槽的中央，再用铅笔或火柴棒轻压盖玻片，使玻片四周边缘闭合，以防菌液干燥。

若制水封片，在载玻片上滴加一滴菌液，盖上盖玻片后即可置于显微镜下观察。

5. 镜检

先用低倍镜找到标记，再稍微移动凹玻片即可找到菌滴的边缘，然后将菌液移到视野中央换高倍镜观察。由于菌体是透明的，镜检时可适当缩小光圈或降低聚光器以增大反差，便于观察。镜检时要仔细辨别是细菌的运动还是分子运动（布朗运动），前者在视野下可见细菌自一处游动至他处，而后者仅在原处左右摆动。细菌的运动速度依菌种不同而异，应仔细观察。

结果：有鞭毛的枯草杆菌和假单胞菌可看到活跃的运动，而无鞭毛的金黄色葡萄球菌不运动。

三、注意事项

（1）检查细菌运动的载玻片和盖玻片都要洁净无油，否则将影响细菌的运动。

（2）制水封片时菌液不可加得太多，过多的菌液会在盖玻片下流动，因而在视野内只见大量的细菌朝一个方向运动，从而影响了对细菌正常运动的观察。

（3）若使用油镜观察，应在盖玻片上加香柏油一滴。

主要参考文献

国家食品药品监督管理总局科技和标准司. 2017. 微生物检验方法食品安全国家标准实操指南 [M]. 北京 : 中国医药科技出版社

蒋原. 2019. 食源性病原微生物检测技术图谱 [M]. 北京 : 科学出版社

李谨, 刘振, 何艳玲. 2007. 微生物干粉培养基质控图解手册 [M]. 北京 : 北京科学技术出版社

刘云国. 2009. 食品卫生微生物学标准鉴定图谱 [M]. 北京 : 科学出版社

美国食品与药物管理局 (FDA). 2020. 美国 FDA 食品微生物检验指南 [M]. 北京 : 中国轻工业出版社

美国微生物学学会. 2021. 临床微生物学手册 . 12 版 [M]. 北京 : 中华医学电子音像出版社

马群飞. GB4789.15-2016《食品安全国家标准食品微生物学检验 霉菌和酵母计数》标准解读 [J]. 中国卫生标准管理, 2018, 9(5): 1-3

夏傲喃, 李建华, 林祥娜, 汤晓娟, 刘云国. 2021. 发酵食品微生物多样性分析方法研究进展 [J]. 食品研究与开发, 42(4): 220-224

杨洁, 张文亮, 邹建军, 胡敏, 袁雪林, 刘云国. 2015. 新疆传统酸奶中乳酸菌的筛选鉴定及菌相分析 [J]. 中国乳品工业, 1: 324-327

杨洋, 汤晓娟, 王江勤, 扈晓杰, 刘云国. 2021. 发酵豆渣的菌种选择及应用研究进展 [J]. 食品研究与开发, 42(08): 192-196

张艳珍, 付龙威, 王咏星, 刘云国. 2021. 一株鲫鱼致病性镰刀菌的分离鉴定及其生物学特性 [J]. 新疆大学学报 (自然科学版), 38(01): 76-82

周庭银. 2017. 临床微生物学诊断与图解 [M]. 上海 : 上海科学技术出版社

Liu YG, Han QD, Li YY, Liu LX, Li YY. 2018. Isolation and characterization of thirty polymorphic microsatellite markers from RAPD product in Aspergillus niger and a test of cross-species amplification[J]. Molecular Genetics, Microbiology and Virology, 33(4): 254-260

Xia AN, Meng XS, Tang XJ, Zhang YZ, Lei SM, Liu YG. 2021. Probiotic and related properties of a novel lactic acid bacteria strain isolated from fermented rose jam[J]. LWT-Food Science and Technology, 136, part 2: 110327

Xia AN, Liu J, Kang DC, Zhang HG, Zhang RH, Liu YG. 2020. Assessment of endophytic bacterial diversity in rose by high-throughput sequencing analysis[J]. PLoS ONE, 15(4): e0230924

Zhang YZ, Han QD, Fu LW, Wang YX, Sui ZH, Liu YG. 2021. Molecular identification and phylogenetic analysis of fungal pathogens isolated from diseased fish in Xinjiang, China[J]. Journal of Fish Biology: 1-12, DOI: 10.1111/jfb.14893

附　　录

培养基常用指示剂及变色范围

指示剂		变色范围（pH）	颜色变化（酸～碱）	
麝香草酚蓝（酸域）	thymol blue	1.2 ～ 1.8	红	黄
甲基黄	methyl yellow	2.9 ～ 4.0	红	黄
甲基橙	methyl orange	3.1 ～ 4.4	红	黄
溴酚蓝	bromphenol blue	3.0 ～ 4.6	黄	紫
溴甲酚绿	bromcresol green	4.0 ～ 5.6	黄	蓝
甲基红	methyl red	4.4 ～ 6.2	红	黄
石蕊	litmus	4.5 ～ 8.3	红	蓝
氯酚红	chlorophenol red	4.8 ～ 6.4	黄	红
溴甲酚紫	bromcresol purple	5.2 ～ 6.8	黄	紫
溴酚红	bromphenol red	5.2 ～ 7.0	黄	红
溴麝香草酚蓝	bromthymol blue	6.0 ～ 7.6	黄	蓝
中性红	neutral red	6.8 ～ 8.0	红	黄橙
蔷薇酸	rosolic acid	6.8 ～ 8.2	黄	红
酚红	phenol red	6.8 ～ 8.4	黄	红
甲酚红	cresol red	7.2 ～ 8.8	黄	红
麝香草酚蓝（碱域）	thymol blue	8.0 ～ 9.6	黄	蓝
酚酞	phenolphthalein	8.0 ～ 10.0	无	红

制定和发布国际标准检验体系的国际知名组织或权威机构

WHO	世界卫生组织	http://www.who.int
OIE	世界动物卫生组织	http://www.oie.int
ISO	国际标准化组织	http://www.iso.org.ch
IEC	国际电工委员会	http://www.iec.org.ch
CAC	国际食品法典委员会	http://www.codexalimentarius.net
IPPC	国际植物保护公约	http://www.ippc.int
BISFA	国际化学纤维标准化局	http://www.bisfa.org
OIV	国际葡萄与葡萄酒局	http://www.oiv.int
AOAC	美国分析化学家协会	http://www.aoac.org
ICMSF	国际食品微生物标准委员会	http://www.icmsf.iit.edu
CAC	国际食品法典委员会	http://www.codexalimentarius.net
IDF	国际乳品联合会	http://www.fil-idf.org
CFR	美国联邦法规	http://www.gpoaccess.gov/cfr
FDA	美国食品药品监督管理局	http://www.fda.gov
USDA	美国农业部	http://www.usda.gov
APHA	美国公共卫生协会	http://www.apha.org
ANSI	美国国家标准协会	http://www.ansi.org
AACC	美国谷物化学师协会	http://www.aaccnet.org
UL	美国安全检测实验室公司	http://www.ul.com
AA	美国铝协会	http://www.aluminum.org
AATCC	美国纺织化学师与印染师协会	http://www.aatcc.org
API	美国石油学会	http://api-ec.api.org
ASAE	美国农业工程师协会	http://www.asae.org
ASME	美国机械工程师协会	http://www.asme.org

ASSE	美国安全工程师协会	http://www.asse.org
ASTM	美国材料实验协会	http://www.astm.org
EN	欧洲	http://www.cenorm.be
EU	欧盟	http://europa.eu.int
NMKL	北欧食品分析委员会	http://www.nmkl.org
BSI	英国标准协会	http://bsonline.techindex.co.uk
HPA	英国健康保护局	http://www.hpa-standardmethods.org.uk
CSA	加拿大标准协会	http://www.csa.ca
HC-SC	加拿大卫生部	http://www.hc-sc.gc.ca
DIN	德国标准	http://www2.din.de
GOST	俄罗斯国家标准	http://www.gost.ru
JAS	日本农林标准	http://www.jasnet.or.jp
JFHA	日本食品卫生协会标准	http://www.jfha.or.jp
JIS	日本工业标准	http://www.jisc.go. jp; www.jsa.or.jp
NF	法国国家标准	http://www.afnor.fr
AS	澳大利亚标准	http://www.standards.com.au
FSANZ	澳新食物标准局	http://www.foodstandards.gov.au
NZFSA	新西兰食品安全局	http://www.nzfsa.govt.nz

部分微生物菌种保藏机构名称和缩写

缩写	名称
CGMCC	中国普通微生物菌种保藏管理中心
CICC	中国工业微生物菌种保藏管理中心

缩写	名称
CFCC	中国林业微生物菌种保藏管理中心
AS-IV	中国科学院武汉病毒研究所
CAF	中国林业微生物菌种保藏管理中心
SH	上海市农业科学院食用菌研究所
IA	中国医学科学院医药生物技术研究所
IFFI	中国食品发酵工业研究院有限公司
ID	中国医学科学院皮肤病研究所
IV	中国医学科学院病原生物学研究所
CIVBP	中国兽医药品监察所
NCTC	英国国立标准菌种保藏所，伦敦
CMCC	中国医学微生物菌种保藏管理中心
ACCC	中国农业微生物菌种保藏管理中心
AS	中国科学院微生物研究所
ISF	中国农业科学院土壤肥料研究所
CCSIIA	抗生素菌种保藏管理中心
QDIO	中国科学院海洋研究所
NICPB	中国药品生物制品检定所
CVCC	中国兽医微生物菌种保藏管理中心
YM	云南省微生物研究所
SIA	四川抗菌素工业研究所
ATCC	美国标准菌收藏所，马里兰州，罗克维尔市
CBS	荷兰真菌中心收藏所，荷兰，巴尔恩市

食品微生物常见检测项目关系图

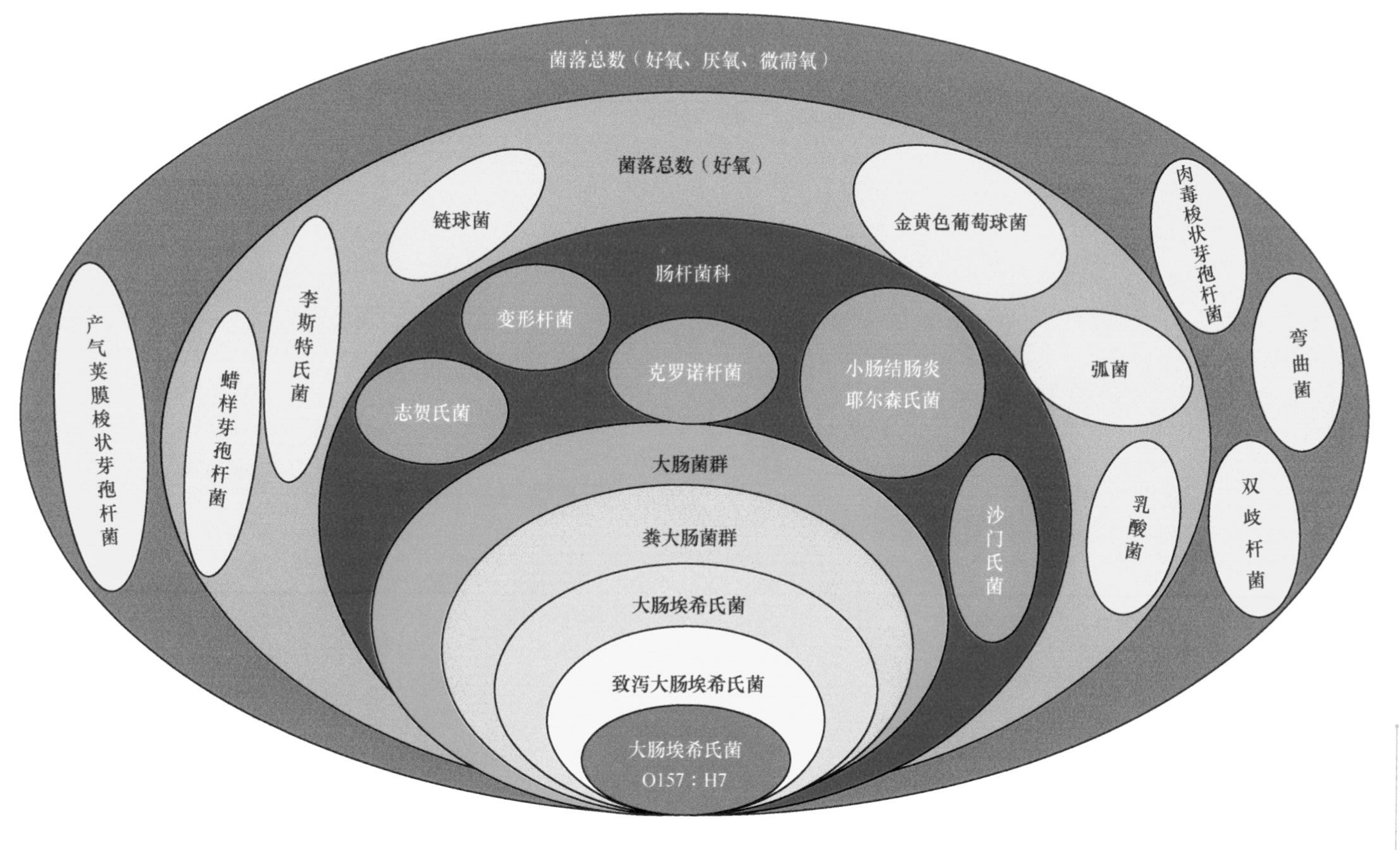